NICHTLINEARE BERECHNUNG VON
PLATTENFUNDAMENTEN
NONLINEAR ANALYSIS OF MAT FOUNDATIONS

ADVANCES IN GEOTECHNICAL ENGINEERING AND TUNNELLING

6

General editor:

D. Kolymbas

University of Innsbruck, Institute of Geotechnics and Tunnel Engineering

Nichtlineare Berechnung von Plattenfundamenten

Nonlinear Analysis of Mat Foundations

Michael Fiedler

University of Innsbruck, Institute of Geotechnics and Tunnelling

E-mail:
Homepage: `http://geotechnik.uibk.ac.at/staff/fiedler.html`

Die ersten Bände dieser Reihe sind im Balkema Verlag erschienen. Bitte richten Sie Ihre Bestellungen von Band 1 bis 3 an folgende Adresse:

A.A. Balkema Publishers
P.O.Box 1675
NL-3000 BR Rotterdam
e-mail: orders@swets.nl
website: www.balkema.nl

Bibliografische Information Der Deutschen Bibliothek

Die Deutsche Bibliothek verzeichnet diese Publikation in der Deutschen Nationalbibliografie; detaillierte bibliografische Daten sind im Internet über http://dnb.ddb.de abrufbar.

ISBN 3-8325-0031-6

ISSN 1566-6182

Logos Verlag Berlin
Comeniushof, Gubener Str. 47,
10243 Berlin
Tel.: +49 030 42 85 10 90
Fax: +49 030 42 85 10 92
INTERNET: http://www.logos-verlag.de

Inhaltsverzeichnis

Kurzfassung

Die Boden-Bauwerks-Interaktion stellt beim Gründungssystem der Plattenfunda-mente ein nichtlineares Anfangsrandwertproblem dar. Die in der Praxis verwendeten Standardverfahren zur Berechnung von Fundamentplatten – das Bettungsmodulver-fahren und das Steifemodulverfahren – beruhen auf stark vereinfachten Modellan-nahmen und liefern zum Teil wiedersprüchliche Ergebnisse bei der Momentenvertei-lung. Die Problemstellung wird im Rahmen der finiten Elemente Methode behandelt, die Modellierung des nichtlinearen Materialverhaltens des Bodens und des Betons erfolgt über die Anwendung nichtlinearer Stoffgesetze.

Das nichtlineare, anelastische Bodenverhalten wird einerseits über ein linear-elastisches, ideal-plastisches Stoffgesetz mit MOHR-COULOMB'scher Fließfläche, und anderer-seits über die zwei hypoplastische Stoffgesetze von WU und von v.WOLFFERSDORFF beschrieben. Die konstitutiven Gleichungen werden abgeleitet, in Fortran program-miert und über eine Benutzerschnittstelle in das verwendete Programmsystem ABAQUS implementiert. Die Diskretisierung des Bodens erfolgt über Kontinuumselemente.

Die Verwendung von geschichteten Schalenelementen für die Modellierung der Stahl-betonplatten bedingt die Formulierung des Betonstoffgesetzes für den ebenen Span-nungszustand. Die Fließfläche wird durch die Festlegung von drei Punkten im Haupt-spannungsraum bestimmt. Besonderes Augenmerk wird auf die Modellierung des Zugversagens des Betons gelegt, die Entfestigung basiert auf der Koppelung einer internen Schädigungsvariablen mit der Bruchenergie und der charakteristischen Ele-mentslänge. Alle Stoffgesetze werden durch die Nachrechnung von Versuchen veri-fiziert.

Das Tragverhalten von Fundamentplatten wird am Beispiel einer 8×12 m großen, auf dichtem Sand gebetteten Stahlbetonplatte analysiert. Die Einflüsse der Diskreti-sierung, des verwendeten Bodenstoffgesetzes, der Duktilität des Bewehrungsstahles und der Betonzugfestigkeit werden am ebenen System unter Gebrauchslast unter-sucht, zudem wird in einigen Fällen die Traglast ermittelt. Abschließend wird ei-ne dreidimensionale Berechnung durchgeführt. Die nichtlinearen Ergebnisse werden mit jenen der Standardverfahren verglichen.

Schlagwörter: Plattenfundament, Stahlbetonplatte, Mohr-Coulomb-Stoffgesetz, Hy-poplastizität, Boden-Bauwerk-Interaktion, Betonstoffgesetz, Entfestigung, Traglast, Gebrauchslast, Bettungsmodul, Steifemodul

Abstract

The scope of this thesis is the investigation of the nonlinear soil-structure-interaction of mat foundations, especially of reinforced concrete slabs. The commonly used elastic analysis methods for calculating these slabs are leading to contradictory results in the distribution of the bending moment. To account for the nonlinearity of the load bearing behaviour of a mat foundation, the boundary value problem will be solved using the finite element method.

Three nonlinear material models are presented to describe the nonlinear and anelastic characteristics of granular soils. First the linearly-elastic, ideally-plastic constitutive law with a MOHR-COULOMB yield criterion is introduced, followed by a description of two hypoplastic material models proposed by WU and V. WOLFFERSDORFF. After deriving the constitutive equations, they are implemented into a finite element code using fortran subroutines. The soil is modelled by solid continuum elements.

The discretization of the concrete slab is done by layered shell elements. Therefore the material model for concrete has to be formulated in a plane stress situation. The yield surface is determined by three points in the principal stress plane. The tension softening is modelled using an internal damage variable in conjunction with a fracture energy and a characteristic element length. All material laws in use are verified by the analysis of experiments.

The load bearing charcteristics of a mat foundation are analysed using an example of a reinforced concrete slab (8×12 m) founded on dense sand. The influences of the discretisation, of the applied material law for the soil, of the ductility of the reinforcing steel and of the assumed tensile strength of the concrete are investigated. The slab behaviour is examined under the loading conditions for both the serviceability limit state and the ultimate limit state. The results of the nonlinear calculations are compared to the ones resulting from the elastic analysis methods.

Key words: mat foundation, reinforced concrete slab, Mohr-Coulomb yield surface, hypoplasticity, soil-structure-interaction, material model for concrete, tension softening, ultimate limit state, serviceability limit state

Vorwort
preamble

Diese Arbeit entstand während meiner Assistentenzeit am Institut für Baustatik und verstärkte Kunststoffe, das dann später mit dem Institut für Festigkeitslehre fusioniert wurde. Dem nunmehrigen Institutsvorstand Prof. Hofstetter danke ich für seine Unterstützung. Das Thema habe ich auf Anregung von Prof. Kolymbas aufgegriffen, der mich an seinem Institut für Geotechnik und Tunnelbau stark unterstützte. Für seine Betreuung mit anschließender *Adoption* – deshalb auch die Bezeichnung „Doktorvater" – möchte ich mich an dieser Stelle herzlich bedanken.

Einen großen Anteil am Gelingen dieser Arbeit haben jene, die mir bei immer wieder aufkeimendem Zweifel ihr Ohr geliehen haben und mir durch fachliche Diskussionen über diese Tiefpunkte hinweggeholfen haben. Ohrensausen bekamen hauptsächlich die Herren Dr. Hans Hügel, Dr. Dennis Roddeman und DI. Bernhard Winkler, bei denen ich mich hier entschuldige und auch herzlich bedanke. Allen Anderen, die direkt oder indirekt ihren Beitrag zu dieser Arbeit geliefert haben, sei hier herzlich gedankt.

Die wissenschaftlich objektive Sprache soll nicht darüber hinwegtäuschen, dass diese Arbeit doch nur meine subjektive Sicht der Problemstellung darstellt. Die persönlichen Vorlieben und Schwächen bestimmen die Schwerpunktsetzung bei der Arbeit und dadurch auch das Ergebnis.

Bei Gerda bedanke ich mich für die Unterstützung, die sie mir während der Arbeit entgegengebracht hat. Meinem kleinen Sohn Tobias verdanke ich, dass ich bei Sand nicht nur an Hypoplastizität denken muss.

Michael Fiedler

Kapitel 1

Einführung
Introduction

1.1 Problemstellung
Problem overview

Für die Berechnung von Plattenfundamenten gibt es noch immer kein einheitliches, allgemein akzeptiertes Berechnungsverfahren, das dem nichtlinearen Tragverhalten dieser Tragstruktur Rechnung trägt. Auch kommt es sehr stark darauf an, ob Tragwerksplaner oder Geotechniker an die Problemstellung herangehen. Für erstere beginnt die zu untersuchende Struktur bei der Flachgründung, bei letzteren hört sie dort auf. Unterschiedlich ist deshalb meist auch die Modellierung des Bodens. Wenn der Statiker den Boden nicht sogar auf der Einwirkungsseite zu Buche schlägt, dann ist dieser bestenfalls durch die Annahme elastischer Federn im Rahmen des in der Praxis weitverbreiteten Bettungsmodulverfahrens zu berücksichtigen. Für die Berechnung der Betonplatte weiß er jedoch um das nichtlineare Kraft-Dehnungsverhalten von Beton und Bewehrung. Der Bodenmechaniker geht mit verfeinerten Methoden (Steifemodulverfahren, Kontinuumsmodell) an die Modellierung des Bodens heran, das Tragverhalten der Fundamentplatte wird jedoch elastisch angenommen. Das nichtlineare Tragverhalten eines Plattenfundamentes kann jedoch nur erfasst werden, wenn die Interaktion von Boden und Bauwerk möglichst realitätsnah nachgebildet wird. Nur dann kann der Grenzzustand der Tragfähigkeit sinnvoll abgeschätzt und in einem allgemein gültigen Bemessungskonzept verankert werden.

Durch den Übergang vom deterministischen zum semiprobabililstischen Bemessungskonzept im Bauwesen kommt es bei der Berechnung von Boden-Bauwerk-Interaktionen zu noch ungelösten Fragestellungen. Bei der Berechnung von Tragwerken wird gefordert, die Belastung durch die Multiplikation mit Teilsicherheitsfaktoren zu erhöhen und die Bauteilwiderstände dementsprechend abzumindern, um ein ausreichendes Sicherheitsniveau gegen das Tragwerksversagen zu erzielen. Bei der Berechnung von Gründungsplatten und somit der Interaktion mit dem Boden führt diese Vorgangsweise zu fragwürdigen Ergebnissen. Der Boden kann für die Gründungsplatte nicht als Einwirkung angesehen werden, die Steifigkeit des Bo-

1

dens bestimmt zusammen mit der Tragwerkssteifigkeit das Gesamttragverhalten der Tragstruktur. Boden und Bauwerk bilden somit eine für die Berechnung untrennbare Einheit. Die Verformungsantwort unter Belastung ist sowohl beim Tragwerk als auch beim Boden eine nichtlineare, wodurch sich die Steifigkeiten der gesamten Tragstrukur mit dem Lastniveau ändern. Eine Reduktion des Tragwerkswiderstandes und somit der Steifigkeiten über Teisicherheitsfaktoren bewirkt jedoch bei einer nichtlinearen Aufgabenstellung Verformungen, die so gar nicht auftreten können. Damit einher geht eine unrealistische Erfassung der Last- und Steifigkeitsumlagerungen im System.

Die Idee der Abminderung der Strukturwiderstände fußt meist auf eindimensionalen Überlegungen zur Beschränkung der Materialfestigkeiten auf deren charakteristische Werte (meist 5%-Fraktilwerte) und deren Anwendung zur Berechnung der Querschnittswiderstände für die zu bemessende Tragstruktur. Beim Kontinuum Boden ist diese Betrachtungsweise nur dann sinnvoll anzuwenden, wenn man ihn, wie das beim Bettungsmodul- und Steifemodulverfahren der Fall ist, durch eine Reihe von Federn modelliert und dadurch in eine eindimensonale Betrachtungsweise überführt. Hier wäre es technisch möglich – wenn auch nicht sinnvoll – die Federsteifigkeit auf einen charakteristischen Wert zu reduzieren. Bei der Modellierung des nichtlinearen Bodenverhaltens im Rahmen der Kontinuumsmechanik mittels eines adäquaten Stoffgesetzes ist jedoch nicht mehr klar definiert, welche Bodeneigenschaften einer Abminderung im sicherheitsrelevanten Sinn bedürfen. Komplexe Bodenstoffgesetze werden an einfachen Elementtests (Rahmenscherversuch, Ödometerversuch, Triaxialversuch) geeicht, über diese werden die benötigten Stoffparameter bestimmt. Eine direkte Zuordnung eines Parameters zu einem bestimmten Bodenverhalten ist dadurch meist nicht möglich. Aus diesem Grund ist es in der Geotechnik üblich, das zu untersuchende Randwertproblem mit den vom realen Bodenverhalten abgeleiteten Stoffkonstanten zu berechnen und dann durch die Gegenüberstellung der Gebrauchslast mit der berechneten Traglast die vorhandene Sicherheit gegenüber Versagen zu bestimmen (**deterministischer Ansatz**).

Für die im Hochbau verwendeten Baustoffe gibt es eine Vielzahl an Versuchsdaten und über die industrielle Produktion mit der damit einhergehenden Qualitätssicherung ist es ein Leichtes, dort auf der Basis der Wahrscheinlichkeitstheorie Grenzwerte für die Materialfestigkeiten festzulegen (**probabilistischer Ansatz**). Anders verhält es sich beim Boden: Der meist inhomogene Bodenaufbau mit einem breiten Spektrum an unterschiedlichen Dichten und Ausgangsspannungen kann nie vollständig erfasst werden. Durch den meist nur unzureichenden, da aufwendigen und teuren Baugrundaufschluss entzieht sich der Boden einer Erfassung im Rahmen der Wahrscheinlichkeitstheorie, er kann nur mit angenäherten und grob gemittelten Bodenkennwerten beschrieben werden. Der Boden wird deswegen für das baustatische Berechnungsmodell gebietsweise homogenisiert.

Die Berücksichtigung komplexer Randbedingungen, wie der Bodenbeschaffenheit und der Fundamentgeometrie, als auch des nichtlinearen Materialverhaltens mündet in ein Anfangsrandwertproblem, dessen Berechnung die Lösung eines nichtlinearen Differentialgleichungssystems mit sich bringt. Für die Berechnung von Plattenfundamenten existieren nur für grob vereinfachte Annahmen analytische Lösungen, weshalb numerische Näherungslösungen zur Anwendung kommen. Die einfachste Näherungslösung zur Beschreibung des Spannungs-Dehnungsverhaltens des Bodens unter einem Fundament stellt das Bettungsmodulverfahren dar. Hierbei wird der Boden durch eindimensionale, voneinander unabhängige elastische Federn modelliert, der Sohldruck resultiert aus der Eindrückung mal der Federsteifigkeit. Etwas genauer ist das Steifemodulverfahren, das den Boden durch gekoppelte elastische Federn ersetzt. Es liefert eine Näherungslösung für den elastischen Halbraum und bildet dadurch die Setzungsmulde des Fundamentes nach. Die weite Verbreitung dieser beiden Methoden lässt sich jedoch nicht mit der exakten Modellierung des Plattentragverhaltens, sondern mit deren relativer Einfachheit begründen. Für die möglichst exakte Beschreibung der nichtlinearen Boden-Bauwerk-Interaktion bietet sich die Finite-Elemente-Methode (FEM) an, die schon seit ca. 30 Jahren im Bauwesen angewandt wird. Hierbei werden die Randbedingungen, als auch die Stoff- und Erhaltungsgleichungen in einer endlichen Anzahl von Punkten erfüllt. In den dazwischenliegenden Bereichen wird der Verlauf der Zustandsgrößen angenähert.

Die Verwendung des Bettungsmodulverfahrens ist historisch bedingt. Früher stellte diese Methode aufgrund der beschränkten Berechnungshilfen (Tabellenwerke, Rechenschieber) die einzige Möglichkeit dar, das Setzungsverhalten einer Plattengründung abzuschätzen. Obwohl sich die Berechnungshilfen erstaunlich weiterentwickelt haben und eine detailliertere Berechnung durchaus möglich ist, ist die heutzutage noch weite Verbreitung dieser Methode in der Praxis erstaunlich. Unter dem Aspekt, dass über das ermittelte Setzungsverhalten die Biegemomente und somit die Stahlbewehrung berechnet werden, ist leicht abzusehen, dass eine ungenaue Ermittlung der Setzung eine *falsche* Bewehrungsführung zur Folge haben kann. Das Steifemodulverfahren liefert realistischere Ergebnisse für die Setzungsmulde. Infolge der Singularität am Fundamentrand bedingt die Halbraumlösung dort eine unendlich große Sohlspannung, die jedoch durch die Spannungsumlagerung im Boden so nicht auftreten kann. Die Absenkung des Plattenrandes fällt dadurch zu gering aus. Auffallend ist auch, dass diese beiden genannten Berechnungsmethoden je nach Geometrie und Verteilung der Belastung konträre Biegemomentenverteilungen liefern. Bei Verwendung des Bettungsmodulverfahrens ergeben sich überwiegend Feldmomente, beim Steifemodulverfahren Stützmomente. Die in der Praxis nicht unübliche Vorgehensweise, die Biegemomente nach dem Bettungsmodulverfahren zu bestimmen und die Platte oben und unten durchgehend auf das Maximalmoment zu bemessen, dürfte aber nicht der Weisheit letzter Schluss sein. Eine Aussage über die Sicherheit gegen Grundbruch, also eines Versagens des gesamten Gründungsbauwerkes kann mit beiden Verfahren nicht getroffen werden.

Aufgrund der Widersprüchlichkeiten und Unzulänglichkeiten der oben erwähnten Standardverfahren erscheint die Verwendung der FEM bei der Berechnung von Plattenfundamenten angebracht. Mit der zunehmenden Genauigkeit bei der Erfassung der Randbedingungen steigt zwar der Rechenaufwand auf ein Vielfaches, was durch die rasante Entwicklung der Computertechnologie zusehends irrelevant wird.

1.2   Zielsetzung und Inhalt der Arbeit
Concept of this study

Die Berechnung von Plattengründungen soll im Rahmen der FEM durchgeführt werden, um eine möglichst realistische Abbildung der Boden-Bauwerk-Interaktion zu erzielen. Der Schwerpunkt dieser Arbeit liegt auf der realitätsnahen Ermittlung des Setzungsverhaltens und der Ermittlung der dadurch bedingten Biegemomente. Daraus resultiert dann eine Biegebemessung, die dem Lastabtragungsverhalten der Struktur entspricht.

Für die Berechnungen wird das FEM-Programmsystem ABAQUS[1] verwendet, das die Einbindung von Unterprogramme für die Formulierung eigener Stoffgesetze über Benutzerschnittstellen erlaubt.

Die Geometrie der Fundamentplatte wird durch Schalenelemente, jene des Bodens durch Kontinuumselemente diskretisiert. Beide sind an der Sohlfuge miteinander gekoppelt, es treten keine Relativverschiebungen zwischen Platte und Boden auf. Die nichtlineare Modellierung des Kraft-Dehnungs-Verhaltens des Betons und des Bodens erfolgt im Rahmen der Kontinuumsmechanik über Stoffgesetze. Da es kein allgemeingültiges Stoffgesetz für Böden gibt, erfolgt eine Einschränkung auf granulare, nicht bindige Böden, die mit Hilfe von zwei hypoplastischen Stoffgleichungen modelliert werden. Zum Vergleich wird das Bodenverhalten auch über das in der Bodenmechanik weit verbreitete MOHR-COULOMB'sche Stoffgesetz beschrieben. Nach der Ableitung der konstitutiven Beziehungen und der Materialsteifigkeitsmatrizen erfolgt die Beschreibung der Parameteridentifikation und die Verifikation der Bodenstoffgesetze über Versuchsnachrechnungen.

Eine große Schwierigkeit stellt die Beschreibung des komplexen Bruchverhaltens des Betons dar. Aufgrund der starken Entfestigung des Betons bei Zugbeanspruchung wird das Berechnungsergebnis netzabhängig und es bedarf einer Regularisierungsmethode, um eine objektive Lösung zu erhalten. Es wird ein Stoffgesetz entwickelt, das dieser Problemstellung über die Einführung einer charakteristischen

---

[1] ABAQUS ist ein eingetragenes Warenzeichen der Hibbit, Karlsson & Sorensen Inc., Rhode Island, USA

Länge Rechnung trägt. Bei der Berechnung von Stahlbetonstrukturen ist die Modellierung der Zugtragwirkung des Betons zwischen den Rissen von großer Bedeutung. Die konstitutiven Beziehungen werden für den ebenen Spannungszustand auf der Basis eines nichtlinearen elasto-plastischen Stoffgesetzes angesetzt. Im Anschluss daran werden die Versuche eines unbewehrten, geschlitzten Balkens und einer einachsig gespannten Stahlbetonplatte nachgerechnet.

Sowohl das Bettungs-, als auch das Steifemodulverfahren lassen sich mit der FEM nachbilden, ersteres durch die Diskretisierung des Bodens über einen elastischen Federansatz, letzteres durch die Verwendung des linear-elastischen HOOKE'schen Stoffgesetzes für die Bodenelemente. Die Berechnungen mit den beiden Standardverfahren dienen der Veranschaulichung und zur Gegenüberstellung mit den kontinuumsmechanischen Ansätzen.

Nachdem gewährleistet ist, dass die Stoffgesetze für den Boden und den Stahlbeton das Verhalten der jeweiligen Materialien realistisch simulieren können, werden Berechnungen zur Thematik der Plattengründung durchgeführt. Anhand eines Beispieles werden die einzelnen Einflüsse (Ansatz der Zugfestigkeit, Wahl des Bodenstoffgesetzes, Duktilität des Stahls, Einfluß der Bewehrungsführung) auf die Berechnungsergebnisse (Biegelinie, Biegemomente, Sohldruck) untersucht. Besonderes Augenmerk wird auf das Momentenumlagerungsvermögen der Betonstruktur im gerissenen Zustand und die Umlagerung des Sohldruckes aufgrund des nichtlinearen Kompressionsverhaltens des Bodens gelegt. Das Tragverhalten der Fundamentplatte soll unter Gebrauchslast, als auch bis zum Erreichen der Traglast untersucht werden.

1.3 Konventionen
Scientific notation

Im folgenden wird die Vorzeichenkonvention der allgemeinen Mechanik verwendet (Druck und Stauchung sind negativ). Es werden nur trockene Böden quasistatisch belastet. Alle Spannungen in dieser Arbeit beziehen sich auf ein rechtwinkliges kartesisches Koordinatensystem, weshalb bei den Indizes nicht zwischen ko- und kontravarianten Komponenten unterschieden werden muß.

Die Schreibweise erfolgt in Tensornotation, es gelten folgende Operatoren:

$\mathbf{a}\,\mathbf{b} = a_{ik}\,b_{kj}$, Multiplikation mit einem Summationsindex

$\mathbf{a} : \mathbf{b} = a_{ij}\,b_{ij}$, Multiplikation mit zwei Summationsindizes

$\mathbf{A} : \mathbf{b} = A_{ijkl}\,b_{kl}$, Multiplikation mit zwei Summationsindizes

$\mathbf{a} \times \mathbf{b} = a_{ij}\,b_{kl}$, Multiplikation mit vier Summationsindizes

$\operatorname{tr} \mathbf{a} = a_{ii}$, Spur der Matrix $\mathbf{a}$

$||\mathbf{a}|| = \sqrt{a_{kl}\, a_{kl}}$, Norm der Matrix $\mathbf{a}$

Kapitel 2

Finite Elemente Methode
Finite Element Method

Das bedeutendste numerische Verfahren zur näherungsweisen Lösung von Anfangs-randwertproblemen (ARWP) ist die finite Elemente Methode (FEM). Hierbei werden die Randbedingungen, die Anfangsbedingungen, die Stoff- und Erhaltungsgleichun-gen in einer endlichen Anzahl von Punkten erfüllt, indem das Verschiebungsfeld in endlichen Bereichen des untersuchten Kontinuums durch Ansatzfunktionen angenä-hert wird. Eine gute Einführung bieten ZIENKIEWICZ und TAYLOR (1989). Die fol-genden Ausführungen orientieren sich an HOFSTETTER (1996), DE BORST (1995) und KROPIK (1994).

2.1 Schwache Formulierung der Gleichgewichtsbedingungen
Weak form of the equilibrium equations

Die starke Formulierung der Gleichgewichtsbedingungen lautet:

$$\mathbf{L}^T \boldsymbol{\sigma} + \mathbf{g} = \mathbf{0} \quad , \tag{2.1}$$

mit den Volumskräften $\mathbf{g}$ und dem Matrixoperator

$$\mathbf{L}^T = \begin{bmatrix} \partial_x & 0 & 0 & \partial_y & 0 & \partial_z \\ 0 & \partial_y & 0 & \partial_x & \partial_z & 0 \\ 0 & 0 & \partial_z & 0 & \partial_y & \partial_x \end{bmatrix} \quad . \tag{2.2}$$

Durch Anwendung des Variationsprinzips von Galerkin und Integration über das Volumen V wird Gleichung (2.1) in die schwache Form übergeführt:

$$\mathbf{G}(\boldsymbol{\sigma}, \delta\mathbf{u}) = \int_V \delta\mathbf{u}^T (\mathbf{L}^T \boldsymbol{\sigma} + \mathbf{g}) \, \mathrm{d}V = \mathbf{0} \quad , \tag{2.3}$$

wobei $\delta\mathbf{u}^T$ die Variation des Verschiebungsfeldes darstellt. Durch Anwendung des Divergenztheorems erhält man

$$\mathbf{G}(\boldsymbol{\sigma}, \delta\mathbf{u}) = \int_V (\mathbf{L}\delta\mathbf{u})^T \boldsymbol{\sigma}\, \mathrm{d}V - \int_V \delta\mathbf{u}^T \mathbf{g}\, \mathrm{d}V - \int_A \delta\mathbf{u}^T \mathbf{t}\, \mathrm{d}A = \mathbf{0} \quad . \tag{2.4}$$

Hier stellt das erste Integral der Gleichung (2.4) die interne virtuelle Arbeit der Spannungen, und die letzten beiden Anteile die virtuelle Arbeit der externen Kräfte - das sind die Volumskräfte und die Oberflächenkräfte $\mathbf{t}$, die an der Oberfläche A angreifen - dar. Formulierung (2.4) stellt somit die schwache Form der Gleichgewichtsbedingungen nach dem Prinzip der virtuellen Arbeit dar und ist sowohl für nichtlineares Materialverhalten (das Spannungsfeld $\boldsymbol{\sigma}$ hängt nichtlinear vom Verschiebungsfeld $\mathbf{u}$ ab) als auch für große Verschiebungen und Verzerrungen (das Volumselement $\mathrm{d}V$ und das Flächenelement $\mathrm{d}A$ sind von der Änderung der Verschiebung abhängig) gültig.

2.2 Räumliche Diskretisierung durch finite Elemente
Spatial discretization

Für ein ARWP ist das Verschiebungsfeld $\mathbf{u}$ die fundamentale Unbekannte. Die exakte Lösung von $\mathbf{u}$ für ein ARWP existiert nur für einfache Problemstellungen der Kontinuumsmechanik. Die exakte Lösung wird deshalb durch sog. Formfunktionen angenähert. Solche Formfunktionen existieren jedoch nur für relativ einfache geometrische Formen. Eine Struktur mit einer komplizierten Geometrie muß also in Unterstrukturen mit einfachen Formen - den *finiten Elementen* - zerlegt werden.

Das Verschiebungsfeld $\mathbf{u}_e$ im Inneren eines finiten Elementes wird über die Matrix der Formfunktionen $\mathbf{N}_e$ mit dem Vektor der Knotenverschiebungen $\mathbf{q}_e$ gekoppelt:

$$\mathbf{u}_e = \mathbf{N}_e \mathbf{q}_e \quad . \tag{2.5}$$

Die Knotenverschiebungen der Knoten eines Elementes sind mit dem Gesamtverschiebungsvektor der Knoten $\mathbf{q}$ durch eine Inzidenzmatrix $\mathbf{Z}^e$ verknüpft:

$$\mathbf{q}_e = \mathbf{Z}_e \mathbf{q} \quad . \tag{2.6}$$

Somit liefert ein Element den Beitrag

$$\mathbf{G}_e(\boldsymbol{\sigma}, \delta\mathbf{q}) = \delta\mathbf{q}_e \left[\mathbf{f}_e^{int} - \mathbf{f}_e^{ext} \right] \tag{2.7}$$

zu den Gleichgewichtsbedingungen (2.3), wobei

$$\mathbf{f}_e^{int} = \int_{V_e} \mathbf{B}_e^T \boldsymbol{\sigma}\, \mathrm{d}V \tag{2.8}$$

den Vektor der inneren Kräfte mit $\mathbf{B}_e = \mathbf{LN}_e$ und

$$\mathbf{f}_e^{ext} = \int_{V_e} \mathbf{N}_e^T \mathbf{g} \, dV + \int_{A_e} \mathbf{N}_e^T \mathbf{t} \, dA \qquad (2.9)$$

den Vektor der äusseren Kräfte darstellen.

Die Gleichung (2.3) kann nun elementsweise zusammengesetzt werden aus den jeweils n Vektoren für $\mathbf{f}_e^{int}$ und $\mathbf{f}_e^{ext}$, die über die Inzidenzmatrix $\mathbf{Z}_e$ in die globalen Vektoren

$$\mathbf{F}^{int} = \sum_{e=1}^{n} \mathbf{Z}_e \mathbf{f}_e^{int}$$
$$\mathbf{F}^{ext} = \sum_{e=1}^{n} \mathbf{Z}_e \mathbf{f}_e^{ext} \qquad (2.10)$$

übergeführt werden. Somit gilt:

$$\mathbf{G}(\boldsymbol{\sigma}, \delta\mathbf{q}) = \delta\mathbf{q} \left[\mathbf{F}^{int} - \mathbf{F}^{ext} \right] = \mathbf{0} \qquad (2.11)$$

Da Gleichung (2.11) für alle zulässigen virtuellen Knotenverschiebungen $\delta\mathbf{q}$ Gültigkeit haben muß, reduzieren sich die Gleichgewichtsbedingungen auf:

$$\mathbf{F}^{int} - \mathbf{F}^{ext} = \mathbf{0} \quad . \qquad (2.12)$$

2.3 Lastinkrementierung
Load increments

Bei Vorhandensein von physikalischen und/oder geometrischen Nichtlinearitäten des ARWP kann die externe Last $\mathbf{F}^{ext}$ nicht mehr in einem Schritt aufgebracht werden, da das somit nichtlineare Gleichungssystem nur mehr iterativ gelöst werden kann, was eine Aufbringung der Last in Teilschritten erfordert.

Vorausgesetzt, daß der Körper unter den äußeren Lasten $\mathbf{g}$ und $\mathbf{t}$ zum Zeitpunkt $t = t_n$ im Gleichgewicht ist und das Verschibungsfeld $\mathbf{u}_n$ bekannt ist, so gilt

$$\mathbf{F}^{int}(\boldsymbol{\sigma}_n) - \mathbf{F}_n^{ext} = \mathbf{0} \quad . \qquad (2.13)$$

Aufbringung der Lastinkremente $\Delta\mathbf{g}$, $\Delta\mathbf{t}$ führt zu

$$\mathbf{g}_{n+1} = \mathbf{g}_n + \Delta\mathbf{g}, \quad \text{und} \quad \mathbf{t}_{n+1} = \mathbf{t}_n + \Delta\mathbf{t} \qquad (2.14)$$

zum Zeitpunkt $t = t_{n+1}$. Mit dem damit ermittelten Lastvektor $\mathbf{F}_{n+1}^{ext}$ läuft die Lösung des ARWP auf folgende Schritte hinaus:

- Ermittlung des inkrementellen Verschiebungsfeldes $\Delta \mathbf{u}_n$ und damit $\mathbf{u}_{n+1} = \mathbf{u}_n + \Delta \mathbf{u}_n$.

- Berechnung des Verzerrungsfeldes ϵ_{n+1}

- Ermittlung des Spannungsfeldes σ_{n+1} so, daß die Gleichgewichtsbedingungen und die konstitutiven Beziehungen erfüllt sind.

2.4 Iterativer Lösungsalgorithmus
Iterative solution algorithm

Das oben beschriebene numerische Problem kann nur mit Hilfe eines iterativen Algorithmus gelöst werden. Wenn $\mathbf{q}_{n+1}^{(k)}$ das Verschiebungsfeld des Körpers für den Iterationsschritt k zum Zeitpunkt $t = t_{n+1}$ ist, dann läßt sich der Algorithmus wie folgt beschreiben:

1. Mit dem Inkrement der Knotenverformungen $\Delta \mathbf{q}_{n+1}^{(i)}$ zum Iterationsschritt i lassen sich die Gesamtknotenverschiebungen berechnen:

$$\mathbf{q}_{n+1}^{(k)} = \mathbf{q}_n + \sum_{i=1}^{k} \Delta \mathbf{q}_{n+1}^{(i)} \quad . \tag{2.15}$$

   Das Verzerrungsfeld auf Elementebene ergibt sich dann mit:

$$\epsilon_{e,n+1}^{(k)} = \mathbf{B}_e \mathbf{q}_{e,n+1}^{(k)} \quad . \tag{2.16}$$

2. Mit diesem Verzerrungsfeld wird das Spannungsfeld $\sigma_{n+1}^{(k)}$ in den Elementen über die Stoffgleichungen bestimmt.

3. Die Vektoren der inneren Kräfte $\mathbf{f}_e^{int}(\sigma_{n+1})$ werden elementweise bestimmt und deren Anteile nach der ersten der Gleichungen (2.10) zum Gesamtvektor der inneren Kräfte $\mathbf{F}_e^{int}$ zusammengesetzt.

4. Überprüfen der Konvergenz: Wenn $\mathbf{F}^{int} - \mathbf{F}^{ext} < tol$ mit der Rechengenauigkeit tol, dann ist $\mathbf{q}_{n+1}^{(k)}$ die Näherungslösung des Verschiebungsfeldes zum Zeitpunkt t_{n+1}. Andernfalls wird die Iteration fortgesetzt.

5. Bestimmung von $\mathbf{q}_{n+1}^{(k+1)}$, es wird $k = k + 1$ gesetzt und bei Schritt 1 fortgefahren.

$\mathbf{q}_{n+1}^{(k+1)}$ wird bestimmt durch eine Linearisierung des Residuums

$$\mathbf{R}(\boldsymbol{\sigma}_{n+1}^{(k)}) = \mathbf{F}_{n+1}^{int} - \mathbf{F}_{n+1}^{ext} \quad . \tag{2.17}$$

Die folgenden Berechnungen beziehen sich auf den Zeitpunkt $t = t_{n+1}$ und somit kann die Indexierung mit $n+1$ entfallen.

Für ein bekanntes $\mathbf{F}^{ext}$ folgt aus der Kettenregel der Differentiation:

$$\partial_{\mathbf{q}}\mathbf{R}(\boldsymbol{\sigma}^{(k)})\Delta\mathbf{q}^{(k+1)} = -\partial_{\mathbf{q}}\mathbf{F}^{int}(\boldsymbol{\sigma}^{(k)})\Delta\mathbf{q}^{(k+1)} = -\sum_{e=1}^{n_e l}\mathbf{Z}_e\partial_{\mathbf{q}_e}\mathbf{f}_e^{int}(\boldsymbol{\sigma}^{(k)})\Delta\mathbf{q}_e^{(k+1)} \quad . \tag{2.18}$$

Mit (2.16) in (2.8) läßt sich obige Gleichung umschreiben in:

$$\partial_{\mathbf{q}}\mathbf{F}^{int}(\boldsymbol{\sigma}^{(k)})\,\Delta\mathbf{q}^{(k+1)} = \sum_{e=1}^{n_e l}\mathbf{Z}_e\int_{V_e}\mathbf{B}_e^T\,\partial_{\boldsymbol{\epsilon}}\boldsymbol{\sigma}^{(k)}\,\partial_{\mathbf{q}_e}\boldsymbol{\epsilon}\,\Delta\mathbf{q}_e^{(k+1)}\,\mathrm{d}V \quad . \tag{2.19}$$

Mit der tangentiellen Materialsteifigkeitsmatrix $\mathbf{C}^t = \partial_{\boldsymbol{\epsilon}}\boldsymbol{\sigma}$ und über die Beziehung $\partial_{\mathbf{q}_e}\boldsymbol{\epsilon} = \mathbf{B}$ läßt sich die Elementssteifigkeitsmatrix $\mathbf{k}_e = \int_{V_e}\mathbf{B}_e^T\,\mathbf{C}^t\,\mathbf{B}_e\,\mathrm{d}V$ berechnen und es ergibt sich:

$$\partial_{\mathbf{q}}\mathbf{F}^{int}(\boldsymbol{\sigma}^{(k)})\,\Delta\mathbf{q}^{(k+1)} = \mathbf{K}^{(k)}\,\Delta\mathbf{q}^{(k+1)} \qquad \text{mit} \qquad \mathbf{K}^{(k)} = \sum_{e=1}^{n_e l}\mathbf{Z}_e\mathbf{k}_e^{(k)} \quad , \tag{2.20}$$

der Gesamtsteifigkeitsmatrix $\mathbf{K}^{(k)}$. Das Inkrement $\Delta\mathbf{q}^{(k+1)}$ wird nun approximiert, indem die Gleichgewichtsbedingungen (2.13) durch

$$\mathbf{R}(\boldsymbol{\sigma}^{(k)}) + \partial_{\mathbf{q}}\mathbf{R}(\boldsymbol{\sigma}^{(k)})\Delta\mathbf{q}^{(k+1)} = \mathbf{0} \tag{2.21}$$

ersetzt werden. Einsetzen von (2.20) liefert:

$$\mathbf{K}^{(k)}\,\Delta\mathbf{q}^{(k+q)} = \mathbf{R}(\boldsymbol{\sigma}^{(k)}) \quad , \tag{2.22}$$

und damit läßt sich $\Delta\mathbf{q}^{(k+1)}$ aus folgender Beziehung berechnen:

$$\Delta\mathbf{q}^{(k+1)} = \left(\mathbf{K}^{(k)}\right)^{-1}\mathbf{R}(\boldsymbol{\sigma}^{(k)}) \quad . \tag{2.23}$$

Wenn die Steifigkeitsmatrix $\mathbf{K}$ mit den aktuellen tangentiellen Stoffmatrizen $\mathbf{C}^{t,(n+1)}$ gebildet wird, dann spricht man beim Lösungsalgorithmus vom NEWTON-RAPHSON-Verfahren, wobei quadratische Konvergenz erzielt wird.

Bei der Implementierung eigener Stoffgesetzroutinen in ein bestehendes FE- Programmpaket müssen demnach folgende zwei Punkte durchgeführt werden:

- Aktualisierung der Spannung σ_{n+1} für das gegebene Dehnungsinkrement $\Delta\epsilon_{n+1}$ in jedem Integrationspunkt.

- Berechnung der tangentiellen Materialsteifigkeitsmatrix $\mathbf{C}^t$ zum Zeitpunkt $t = t_{n+1}$.

Bei der vorliegenden Arbeit wurden diese Schritte für das Programmpaket ABAQUS mittels der dafür vorgesehenen Benutzerschnittstelle im Unterprogramm UMAT.F durchgeführt.

Kapitel 3

Beschreibung des Bodens
Soil Modelling

3.1 Anforderungen an Bodenstoffgesetze
Requirements for soil constitutive equations

Das Stoffgesetz soll die wesentlichen Eigenschaften des Bodens beschreiben. Böden zeigen ein stark unterschiedliches, kompliziertes Verhalten bei verschiedenen Belastungen. Für die mathematische Beschreibung des Bodens sind deshalb starke Vereinfachungen nötig. Es ist jedoch klar, daß das Stoffgesetz die für die Problemstellung wesentlichen Eigenschaften nachvollziehen muß. Wünschenswert wäre es, ein Stoffgesetz zur Verfügung zu haben, das eine Vielzahl von Einflüssen darstellen kann.

Für die Boden-Bauwerks-Interaktion soll ein Stoffgesetz das Kompressionsverhalten des Bodens bei behinderter und eingeschränkter Querdehnung als auch das Dilatanz- und Kontraktanzverhalten bei Schubverformungen richtig beschreiben können. Bild A zeigt zwei Spannungspfade in der Mitte und am Rand eines Fundamentes. In der Mitte entspricht die Beanspruchung des Boden einer ödometrischen, am Rand einer triaxialen Belastung. Beide Pfade weisen eine starke Nichtlinearität auf, das Bodenverhalten ist sowohl kontraktant als auch dilatant.

Die Steifigkeit des Bodens ist nicht konstant, sondern ändert sich mit dem Spannungszustand und der Lagerungsdichte. Für den Grenzzustand (limit state) soll die Steifigkeit für gewisse Verzerrungsrichtungen verschwinden.

Für die Formulierung eines Stoffgesetzes stehen uns folgende Theorien zur Verfügung:

Elastizitätstheorie: Der aktuelle Spannungszustand ist eine Funktion des aktuellen Verzerrungszustandes. Neben dem linear-elastischen Modell von HOOKE gibt es auch sog. *hyperelastische* Stoffgesetze (TRUESDELL, C. und NOLL, W. (1965)), die dem nichtlinearen Verhalten des Bodens Rechnung tragen, wobei sich die Spannung von einem Potential ableiten läßt. TRUESDELL (1955) hat

13

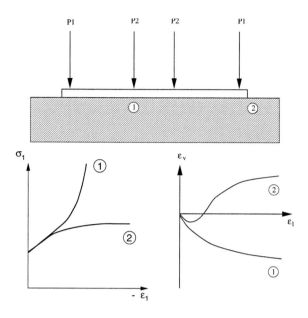

Abbildung 3.1: Spannungspfade unter einem Fundament

Figure 3.1: Vertical stress-strain and volumetric strain below a shallow foundation

gezeigt, daß sich das unbeschränkte Fließen auch mit einem *hypoelastischen* Ansatz verfolgen läßt. Hier wird das Stoffgesetz auf mathematischem Weg über ein Darstellungstheorem für tensorwertige Funktionen entwickelt, wobei kein Potential verwendet wird.

Plastizitätstheorie: Bei den *elastoplastischen* Modellen wird die Unterscheidung von Be- und Entlastung über die Verwendung einer Fließfläche erreicht, die Verzerrungen werden in einen elastischen und einen plastischen Anteil aufgespalten. Ein Zuwachs an Genauigkeit mündet jedoch in immer komplexer werdende Formulierungen mit einer großen Anzahl von Stoffparametern, die sich oft nur schwer bestimmen lassen. In diesem Rahmen gibt es auch Modelle mit mehreren Fließflächen. Die Herleitung der konstitutiven Gleichungen basiert auf *a priori* festgelegten Fließflächen und plastischen Potentialen. Die Betrachtungsweise ist eine geometrische.

Einen anderen Weg beschreiten die von KOLYMBAS (1977) in Karlsruhe und DESRUES (1991) und CHAMBON (1994) in Grenoble entwickelten inkrementell nichtlinearen, *hypoplastischen* Stoffgesetze. *Hypoplastisch* entspricht hier einer Weiterentwicklung der *hypoelastischen* Stoffgesetze, d.h. es werden auch dissipative Effekte beschrieben. Diese Stoffgesetze werden auf mathematischem Weg durch eine tensorielle Gleichung vom Ratentyp dargestellt und verwenden weder Fließflächen noch ein plastisches Potential zur Herleitung der Spannungen. Die Deformationen werden nicht in einen elastischen

und einen plastischen Teil aufgespaltet, sondern gehen direkt in die Ratengleichung ein.

Der Boden wird in dieser Arbeit zum einen duch zwei *hypoplastische* und zum anderen durch ein *hyperplastisches* (elastoplastisches) Stoffgesetz beschrieben. Die Be-
weggründe für die Verwendung der hypoplastischen Materialgesetze liegen in der
exakteren Darstellung der komplexen Bodeneigenschaften und im größeren Aussa-
gegehalt der erhaltenen Verformungen, Spannungen und Lagerungsdichten. Für ein
elastisch-plastisches Stoffgesetz spricht die geringe Anzahl der Stoffparameter und
die breitere Akzeptanz in der Praxis.

3.2 Hypoplastische Stoffgesetze
Hypoplasticity

3.2.1 Konstitutive Gleichungen
Constitutive equations

Bei einem hypoplastisches Stoffgesetz wird die Beziehung zwischen der Spannungsrate und der Deformationsgeschwindigkeit durch eine einzige tensorielle Ratengleichung dargestellt:

$$\overset{\circ}{\boldsymbol{\sigma}} = \mathbf{h}(\boldsymbol{\sigma}, \mathbf{d}) \tag{3.1}$$

Da die Zeitableitung der Spannung $\dot{\boldsymbol{\sigma}} = d\boldsymbol{\sigma}/dt$ keine objektive Größe ist, wird
die mitgedrehte Spannungsrate (auch *Jaumann*-Rate genannt) verwendet, die kei-
ne Änderung der Spannungen durch Starrkörperdrehungen oder eine Drehung des
Koordinatensystems ergibt. Die *Jaumann*-Rate $\overset{\circ}{\boldsymbol{\sigma}}$ wird dargestellt durch:

$$\overset{\circ}{\boldsymbol{\sigma}} = \dot{\boldsymbol{\sigma}} - \mathbf{w}\boldsymbol{\sigma} + \boldsymbol{\sigma}\mathbf{w}, \tag{3.2}$$

wobei $\boldsymbol{\sigma}$ den aktuellen Cauchy'schen Spannungstensor und $\mathbf{w}$ den Drehgeschwindigkeitstensor darstellen. Der Drehgeschwindigkeitstensor $\mathbf{w}$ und der Streckgeschwindigkeitstensor $\mathbf{d}$ sind über den Geschwindigkeitsgradienten $\nabla \mathbf{v}$ wie folgt definiert:

$$\mathbf{d} \quad := \quad \tfrac{1}{2}(\nabla \mathbf{v} + (\nabla \mathbf{v})^T) \tag{3.3}$$

$$\mathbf{w} \quad := \quad \tfrac{1}{2}(\nabla \mathbf{v} - (\nabla \mathbf{v})^T). \tag{3.4}$$

In einer hypoplastischen Gleichung wird kein Verzerrungsmaß $\boldsymbol{\epsilon}$, sondern der Streckgeschwindigkeitstensor $\mathbf{d}$ verwendet, der sich auch als Dehnungsrate interpretieren
läßt. Die Gleichsetzung von $\mathbf{d} = \dot{\boldsymbol{\epsilon}}$ ist nur dann zulässig, wenn die Verzerrungsraten

infinitesimal klein sind. Für große Verzerrungen kann die Verzerrungsrate **d** auf die logarithmische Verzerrung zurückgeführt werden (GURTIN und SPEAR (1983)).

Die Darstellung verschiedener Bodeneigenschaften verlangt eine mathematische Einschränkung der Funktion **h**.

- Das Stoffgesetz soll ratenunabhängig sein. Somit muß **h** positiv homogen erster Ordnung in **d** sein:

$$\mathbf{h}(\boldsymbol{\sigma}, \lambda \mathbf{d}) = \lambda \mathbf{h}(\boldsymbol{\sigma}, \mathbf{d}) \quad \text{für} \quad \lambda > 0 \,. \tag{3.5}$$

- Die Spannungsrate soll von der aktuellen Spannung und der Deformationsrate abhängen, wie aus (3.1) ersichtlich ist.

- Das Stoffgesetz soll das nichtlineare Verhalten des Bodens abbilden, also unterschiedliche Steifigkeiten für Be- und Entlastung aufweisen. Dies geschieht über:

$$\mathbf{h}(\boldsymbol{\sigma}, -\mathbf{d}) \neq -\mathbf{h}(\boldsymbol{\sigma}, \mathbf{d}) \tag{3.6}$$

- Die experimentelle Beobachtung, daß proportionale Verformungspfade zu proportionalen Spannungsantworten führen, wird über die Homogenität von **h** in $\boldsymbol{\sigma}$ erreicht:

$$\mathbf{h}(\lambda \boldsymbol{\sigma}, \mathbf{d}) = \lambda^n \mathbf{h}(\boldsymbol{\sigma}, \mathbf{d}) \quad , \quad n \text{ beliebig} \,. \tag{3.7}$$

- Die Spannungsrate soll objektiv sein, d.h.:

$$\mathbf{h}(\mathbf{q}\,\boldsymbol{\sigma}\,\mathbf{q}^T, \mathbf{q}\,\mathbf{d}\,\mathbf{q}^T) = \mathbf{q}\,\mathbf{h}(\boldsymbol{\sigma}, \mathbf{d})\,\mathbf{q}^T, \tag{3.8}$$

wobei **q** ein beliebiger orthogonaler Tensor ist. Diese Forderung wird erreicht, indem man für **h** eine isotrope Tensorfunktion wählt.

Wir suchen also eine isotrope Tensorfunktion, die alle oben genannten Bedingungen erfüllt. Ausgehend vom Darstellungstheorem für isotrope tensorwertige Funktionen von zwei symmetrischen Tensoren kann **h** aus folgenden Termen zusammengesetzt werden:

$$\begin{aligned}
\mathbf{h}(\boldsymbol{\sigma}, \mathbf{d}) = \;& \phi_1 \boldsymbol{\delta} + \phi_2 \boldsymbol{\sigma} + \phi_3 \mathbf{d} + \phi_4 \boldsymbol{\sigma}^2 + \phi_5 \mathbf{d}^2 \\
& + \; \phi_6 (\boldsymbol{\sigma}\mathbf{d} + \mathbf{d}\boldsymbol{\sigma}) + \phi_7 (\boldsymbol{\sigma}\mathbf{d}^2 + \mathbf{d}^2\boldsymbol{\sigma}) + \phi_8 (\boldsymbol{\sigma}^2\mathbf{d} + \mathbf{d}\boldsymbol{\sigma}^2) \\
& + \; \phi_9 (\boldsymbol{\sigma}^2\mathbf{d}^2 + \mathbf{d}^2\boldsymbol{\sigma}^2),
\end{aligned} \tag{3.9}$$

mit dem Einheitstensor 2. Ordnung $\boldsymbol{\delta}$. Die Koeffizienten ϕ_i sind Funktionen der Invarianten und der gemischten Invarianten von $\boldsymbol{\sigma}$ und **d**:

$$\phi_i = \phi_i(\operatorname{tr}\boldsymbol{\sigma}, \operatorname{tr}\boldsymbol{\sigma}^2, \operatorname{tr}\boldsymbol{\sigma}^3, \operatorname{tr}\mathbf{d}, \operatorname{tr}\mathbf{d}^2, \operatorname{tr}\mathbf{d}^3,$$
$$\operatorname{tr}(\boldsymbol{\sigma}\mathbf{d}), \operatorname{tr}(\boldsymbol{\sigma}^2\mathbf{d}), \operatorname{tr}(\boldsymbol{\sigma}\mathbf{d}^2), \operatorname{tr}(\boldsymbol{\sigma}^2\mathbf{d}^2)). \tag{3.10}$$

Mit diesen Termen läßt sich eine Vielzahl von möglichen Kombinationen finden. Die Auswahl geeigneter Terme erfolgt unter Einbeziehung der oben genannten Einschränkungen und dem Wunsch nach einer möglichst geringen Anzahl von Stoffkonstanten auf heuristischem Wege, d.h. durch *trial and error*. Bei diesem Prozeß müssen Terme ausgewählt, die Stoffkonstanten an Versuchen kalibriert und das Verhalten der Stoffgleichung unter verschiedensten Belastungen beurteilt werden.

Schließlich hat sich ein Ansatz von der Form:

$$\mathbf{h}(\boldsymbol{\sigma}, \mathbf{d}) = \mathbf{L}(\boldsymbol{\sigma}) : \mathbf{d} + \mathbf{n}(\boldsymbol{\sigma})\|\mathbf{d}\| \tag{3.11}$$

als zweckmäßig herausgestellt. $\mathbf{L}$ ist ein Tensor 4. Ordnung, $\mathbf{n}$ eine tensorwertige Funktion und $\|\mathbf{d}\| = \sqrt{\mathbf{d} : \mathbf{d}}$ entspricht der euklidischen Norm von $\mathbf{d}$. Der Term $\mathbf{L} : \mathbf{d}$ ist linear in $\mathbf{d}$ und stellt das reversible Verhalten von $\mathbf{h}$ dar. Der zweite Anteil von (3.11) stellt den in $\mathbf{d}$ nicht-linearen und somit irreversiblen Anteil dar. Wenn man den nicht-linearen Anteil zu Null setzt, liefert (3.11) einen *hypoelastischen* Stoffansatz.

Stoffgesetz $\boxed{\textbf{Hypo1}}$

KOLYMBAS (1988) kam nach etlichen computerunterstützten Untersuchungen auf eine Stoffgleichung mit 4 Termen , die dann durch WU (1992) verbessert wurde :

$$\mathring{\boldsymbol{\sigma}} = \underbrace{\left(C_1 \operatorname{tr}\boldsymbol{\sigma}\mathbf{I} + C_2 \frac{\boldsymbol{\sigma}\otimes\boldsymbol{\sigma}}{\operatorname{tr}\boldsymbol{\sigma}}\right)}_{\mathbf{L}_{\boxed{\text{Hypo1}}}} : \mathbf{d} + \underbrace{\left(C_3 \frac{\boldsymbol{\sigma}^2}{\operatorname{tr}\boldsymbol{\sigma}} + C_4 \frac{\boldsymbol{\sigma}^{*2}}{\operatorname{tr}\boldsymbol{\sigma}}\right)}_{\mathbf{n}_{\boxed{\text{Hypo1}}}} \|\mathbf{d}\|, \tag{3.12}$$

mit dem deviatorischen Tensor $\boldsymbol{\sigma}^* = \boldsymbol{\sigma} - \frac{1}{3}\operatorname{tr}\boldsymbol{\sigma}\boldsymbol{\delta}$ und den Einheitstensoren 2. und 4. Ordnung $\boldsymbol{\delta}$ und $\mathbf{I}$. Die C_i sind dimensionslose Konstanten, die durch Kalibrierung anhand eines Triaxial- bzw. Ödometerversuches gewonnen werden können (Abschnitt 3.2.5). Sie sind charakteristisch für einen bestimmten Boden bei festgelegter Lagerungsdichte und haben keine anderweitige physikalische Bedeutung.

Die folgenden Bilder zeigen die numerische Simulation von Triaxial- und Ödometerversuchen mit dichter und lockerer Lagerungsdichte. Die durchgezogenen Linien bezeichnen Versuche mit anfänglich dichter ($e_0 = 0.55$), die strichlierten Linien mit anfangs lockerer Lagerung ($e_0 = 0.76$).

Als Stoffparameter wurden die folgenden Werte für dichten und lockeren Karlsruher Sand verwendet (BAUER (1992)):

Porenzahl	C_1	C_2	C_3	C_4
$e_0 = 0.55$	-110.15	-963.73	-877.19	1226.2
$e_0 = 0.76$	-69.23	-670.73	-653.26	690.9

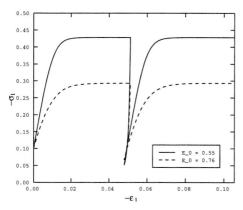

Abbildung 3.2: Triax: σ-ε-Diagramm

Figure 3.2: Triaxial test: axial stress

Abbildung 3.3: Triax: ε_v-ε-Diagramm

Figure 3.3: Triaxial test: volumetric strain

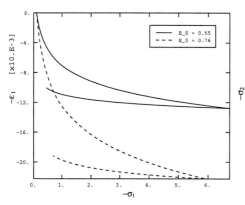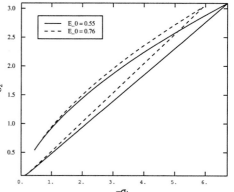

Abbildung 3.4: Ödometer: σ-ε-Diagramm

Figure 3.4: Oedometer test: axial stress

Abbildung 3.5: Ödometer: Spannungspfad

Figure 3.5: Oedometer test: stress path

Die Abbildungen 3.2 bis 3.5 zeigen, daß die hypoplastische Stoffgleichung ⟨Hypo1⟩ in der Lage ist, das unterschiedliche Verhalten des Bodens bei ödometrischer und triaxialer Belastung wiederzugeben.

Stoffgesetz $\boxed{\textbf{Hypo2}}$

Ein Nachteil der oben beschriebenen Stoffgleichung ist, daß der Korngerüstzustand nur durch die effektive Spannung beschrieben wird. Deshalb muß für den gleichen Boden bei unterschiedlicher Dichte ein neuer Satz an Parametern bestimmt werden. Aus diesem Grund wurde die Funktion **h** um die Porenzahl erweitert:

$$\mathring{\boldsymbol{\sigma}} = \mathbf{h}(\boldsymbol{\sigma}, \mathbf{d}, e), \tag{3.13}$$

die Entwicklungsgleichung für die Zustandsvariable e lautet:

$$\dot{e} = (1+e)\operatorname{tr}\mathbf{d} \tag{3.14}$$

Dieser Einfluß wurde von GUDEHUS, BAUER, WU und V. WOLFFERSDORFF untersucht und führte zu einer neuen Stoffgleichung (V. WOLFFERSDORFF (1996)):

$$\mathring{\boldsymbol{\sigma}} = \overbrace{f_b f_e \frac{1}{\operatorname{tr}(\hat{\boldsymbol{\sigma}}^2)} \left(F^2 \mathbf{I} + a^2 \hat{\boldsymbol{\sigma}} \otimes \hat{\boldsymbol{\sigma}} \right)}^{\mathbf{L}_{\boxed{\text{Hypo2}}}} : \mathbf{d} + \tag{3.15}$$

$$+ \quad \underbrace{f_b f_e f_d \frac{Fa}{\operatorname{tr}(\hat{\boldsymbol{\sigma}}^2)} \left(\hat{\boldsymbol{\sigma}} + \hat{\boldsymbol{\sigma}}^* \right) \|\mathbf{d}\|}_{\mathbf{n}_{\boxed{\text{Hypo2}}}} \tag{3.16}$$

mit:

$$\hat{\boldsymbol{\sigma}} := \frac{\boldsymbol{\sigma}}{\operatorname{tr}\boldsymbol{\sigma}} \quad , \quad \hat{\boldsymbol{\sigma}}^* := \hat{\boldsymbol{\sigma}} - \tfrac{1}{3}\boldsymbol{\delta} \qquad \text{und} \quad a := \frac{\sqrt{3}(3 - \sin\phi_c)}{2\sqrt{2}\sin\phi_c} \tag{3.17}$$

Die skalarwertige Funktion F gibt die Form der Grenzfläche in Abhängigkeit vom Druckniveau und vom Lode-Winkel θ wieder:

$$F := \sqrt{\tfrac{1}{8}\tan^2\psi + \frac{2 - \tan^2\psi}{2 + \sqrt{2}\tan\psi\cos 3\theta}} - \frac{1}{2\sqrt{2}\tan\psi} \tag{3.18}$$

mit:

$$\tan\psi := \sqrt{3}\|\hat{\boldsymbol{\sigma}}^*\| \qquad \text{und} \qquad \cos 3\theta := -\sqrt{6}\frac{\operatorname{tr}(\hat{\boldsymbol{\sigma}}^*)^3}{(\operatorname{tr}(\hat{\boldsymbol{\sigma}}^*)^2)^{3/2}} \tag{3.19}$$

Die skalarwertigen Funktionen f_b, f_d und f_e beinhalten den Einfluß der mittleren Dichte und der Porenzahl:

$$f_d := \left(\frac{e - e_d}{e_c - e_d} \right)^\alpha \tag{3.20}$$

$$f_e := \left(\frac{e_c}{e} \right)^\beta \tag{3.21}$$

$$f_b := \frac{h_s}{n} \left(\frac{e_{i0}}{e_{c0}} \right)^\beta \frac{1 + e_i}{e_i} \left(\frac{\operatorname{tr}\boldsymbol{\sigma}}{h_s} \right)^{1-n} \left[3 + a^2 - a\sqrt{3} \left(\frac{e_{i0} - e_{d0}}{e_{c0} - e_{d0}} \right)^\alpha \right]^{-1} \tag{3.22}$$

Die Porenzahlen e_i, e_c und e_d ändern sich nach dem Druckniveau nach der folgenden Gleichung:

$$\frac{e_i}{e_{i0}} = \frac{e_c}{e_{c0}} = \frac{e_d}{e_{d0}} = \exp\left[-\left(\frac{\operatorname{tr}\boldsymbol{\sigma}}{h_s}\right)^n\right]. \tag{3.23}$$

Das Stoffgesetz benötigt die 8 Stoffparameter ϕ_c, h_s, n, e_{io}, e_{c0}, e_{d0}, α und β, die sich mit Hilfe der Arbeit von HERLE (1997) aus einem Ödometerversuch mit lockerer Anfangslagerung und in Abhängigkeit vom Korndurchmesser d_{50} und der Ungleichförmigkeit U bestimmen lassen (siehe Abschnitt 3.2.5).

Mit diesem Stoffgesetz können nun mit einem Parametersatz verschiedene Lagerungsdichten und Druckniveaus eines Bodens numerisch simuliert werden. Einen Parametersatz für Karlsruher Sand zeigt die folgende Tabelle:

$\phi_c[^o]$	$h_s[\mathrm{MN/m^2}]$	n	e_{i0}	e_{c0}	e_{d0}	α	β
30	5800	0.28	0.53	0.84	1.00	0.13	1.05

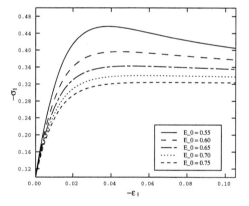

Abbildung 3.6: Triax: σ-ε-Diagramm

Figure 3.6: Triaxial test, axial stress

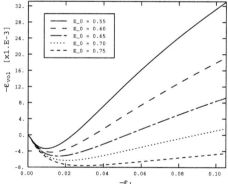

Abbildung 3.7: Triax: ε_v-ε-Diagramm

Figure 3.7: Triaxial test, volumetric strain

3.2.2 Grenzfläche und Hüllfläche
Limit surface and bounding surface

Für kritische Grenzzustände gilt nach dem *critical state*-Konzept (SCHOFIELD und WROTH (1968)), daß bei vorgegebenem Dehnungspfad mit $\operatorname{tr}\mathbf{d}_c = 0$ die Spannungsrate verschwindet, somit ist $\mathring{\boldsymbol{\sigma}}_c = \mathbf{0}$. Eine etwas allgemeinere Formulierung lautet, daß sich ein Materialelement in einem Grenzzustand befindet, wenn für eine gegebene Spannung $\boldsymbol{\sigma}_c$ ein $\mathbf{d}_c$ existiert:

$$\overset{\circ}{\boldsymbol{\sigma}} = \mathbf{h}(\boldsymbol{\sigma}_c, \mathbf{d}_c, e_c) = \mathbf{0} \,. \tag{3.24}$$

Daraus ergibt sich für ein hypoplastisches Stoffgesetz die Beziehung:

$$\overset{\circ}{\boldsymbol{\sigma}} = \mathbf{L}(\boldsymbol{\sigma}_c) : \mathbf{d}_c - \mathbf{n}(\boldsymbol{\sigma}_c)\|\mathbf{d}_c\| = \mathbf{0} \,, \tag{3.25}$$

und somit:

$$\mathbf{d}_c^* = \mathbf{L}^{-1} : \mathbf{n} \quad \text{mit} \quad \mathbf{d}_c^* = \frac{\mathbf{d}_c}{\|\mathbf{d}_c\|} \,. \tag{3.26}$$

Gleichung (3.26) liefert also zu einer kritischen Spannung $\boldsymbol{\sigma}_c$ die zugehörige normierte Deformationsrichtung $\mathbf{d}_c^*$ und kann somit als Fließregel verstanden werden. Die Grenzfläche läßt sich dann als jene Fläche im Raum beschreiben, für die alle $\overset{\circ}{\boldsymbol{\sigma}}_c = \mathbf{0}$ sind. Jene Fläche kann aufgrund der Formulierung der konstitutiven Gleichungen nur numerisch gefunden werden (WU (1992)). Es folgt aber aus dem Umstand, daß $\mathbf{h}$ positiv homogen in $\boldsymbol{\sigma}$ ist, daß die Grenzfläche eine kegelförmige Fläche mit der Spitze im Spannungsnullpunkt darstellt.

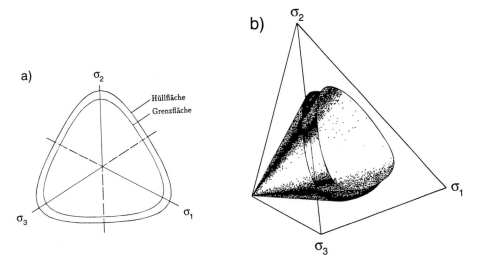

Abbildung 3.8: Grenz- und Hüllfläche: a) deviatorische Ebene, b) 3d, aus WU (1992)

Figure 3.8: Limit surface and bounding surface: a) deviatoric plane, b) 3d, from WU (1992)

Nachdem $\boldsymbol{\sigma}_c$ und $\mathbf{d}$ im Grenzzustand durch die isotrope Funktion (3.25) verknüpft sind, sind beide koaxial. Aus der Formulierung, daß der Grenzzustand nur für ein $\mathbf{d}$ gelten muß, folgt jedoch nicht, daß die Bedingung (3.24) auch für andere $\mathbf{d}$ gilt. Es kommt sogar zu Spannungsantworten, die geringfügig außerhalb der Fließfläche liegen.Trotzdem müssen die Spannungen in einem granularen Material begrenzt sein. WU (1992) hat in seiner Arbeit bewiesen, daß es eine Hüllfläche gibt, die affin zur Grenzfläche und etwas größer als diese ist (Abbildung 3.8). Alle erreichbaren Spannungen liegen innerhalb dieser Hüllfläche.

3.2.3 FE-Implementierung
FE-Implementation

Die hypoplastischen Stoffansätze wurden über eine Benutzerschnittstelle in das Programmsystem ABAQUS implementiert. In dem Unterprogramm müssen:

- die Spannungen für ein gegebenes Dehnungsinkrement und

- die Jacobimatrix $\partial \Delta \sigma / \partial \Delta \epsilon$ für den Spannungszustand am Ende des Zeitinkrementes berechnet werden.

Um quadratische Konvergenz im globalen Lösungsalgorithmus des FE-Programmcodes zu gewährleisten, muß eine implizite Zeingration bei der Aktualisierung der Spannungen auf Integrationspunktebene angewendet werden. Doch aufgrund der Ratenformulierung der Stoffansätze $\boxed{\text{Hypo1}}$ und $\boxed{\text{Hypo2}}$ ist die implizite Berechnung nur auf numerischem Weg zu erreichen. Berechnungen von HÜGEL (1996) und RODDEMAN (1997) haben gezeigt, daß der numerische Aufwand sehr groß wird und die Rechenzeiten nicht verringert werden können. Deshalb wird die wesentlich einfachere explizite Integration angewendet.

Aktualisierung der Spannungen

Die Spannungen werden über eine Forwärtsintegration berechnet:

$$\sigma(t + \Delta t) = \sigma(t) + \overset{\circ}{\sigma}[\sigma(t)]\Delta t \tag{3.27}$$

Die Jaumannrate $\overset{\circ}{\sigma}(\sigma(t), \mathbf{d}, e)$ muß mit dem für den Zeitschritt gegebenen Dehnungsinkrement $\Delta \epsilon$ berechnet werden. Der Streckgeschwindigkeitstensor folgt aus einer Linearisierung über den Zeitschritt mit $\mathbf{d} = \mathrm{d}\,\Delta \epsilon = \frac{\Delta \epsilon}{\Delta t}$.

Mit der expliziten Zeitintegration wird auch eine kleine Schrittweite nötig, um eine Fehlerakkumulation zu vermeiden. Durch die Nachrechnung von einfachen Elementversuchen läßt sich dann die maximale Schrittweite bestimmen.

Die meisten FE-Codes benützen eine automatische Schrittweitensteuerung auf globaler Ebene, deren Zeitschritte für das hypoplastische Stoffgesetz meist zu groß sind.

Deshalb empfiehlt sich die Einführung eines Substepping-Algorithmus für die Zeitintegration der Ratengleichung auf lokaler Ebene .

$$\boldsymbol{\sigma}(t + \Delta t) = \boldsymbol{\sigma}(t) + \sum_{i=1}^{n_{sub}} \mathring{\boldsymbol{\sigma}}(\boldsymbol{\sigma}_{ti}) \frac{\Delta t}{n_{sub}} \quad \text{mit} \quad \boldsymbol{\sigma}_{ti} = \boldsymbol{\sigma}(t + \frac{i}{n_{sub}} \Delta t) \quad (3.28)$$

Es gibt mehrere Möglichkeiten, die Anzahl der Teilschritte n_{sub} für die Zeitintegration zu bestimmen. Häufig wird die Anzahl der Unterschritte von der Änderung der Spannung mit dem gegebenen Dehnungsinkrement abhängig gemacht (SLOAN (1987)). Durch die Struktur der Ratengleichung liegt es jedoch nahe, die Anzahl der Unterschritte von der Größe der Dehnungsrate $\|\mathbf{d}\|$ abhängig zu machen. Wenn man sich die Antwortumhüllenden vor Augen hält, dann liefert die Ratengleichung für ein vorgegebenes Dehnungsinkrement die exakte Spannungsantwort, sofern die aufgebrachte Dehnung nur genügend klein ist. Der Grenzwert für die maximale Dehnung pro Zeitschritt d_{lim} kann über die Simulation eines Elementversuches herausgefunden werden.

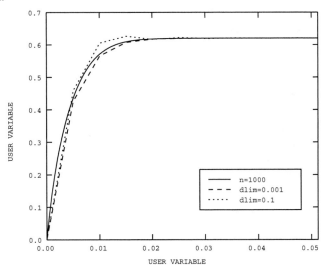

Abbildung 3.9: Numerische Simulation eines Triaxialversuches; Auswirkung der Subinkrementierung

Figure 3.9: Numerical simulation of a triaxial test, substepping

In Abbildung 3.9 sieht man die Simulation eines Triaxialversuches mit unterschiedlichen Größen für d_{lim}. Die durchgezogene Kurve gibt das Ergebnis für eine Berechnung in 1000 Einzelschritten ohne Subinkrementierung an (Referenzkurve). Bei der roten und der grünen Kurve wurde die Beanspruchung in 10 Schritten aufgebracht, wobei für den roten Graphen $d_{lim} = 0.001$ gesetzt wurde, und bei der grünen Kurve $d_{lim} = 0.1$. Man erkennt deutlich, daß für $d_{lim} = 0.001$ die Referenzlösung erreicht wird, wogegen die Spannungsantwort für $d_{lim} = 0.1$ am Anfang der Belastungsgeschichte zu groß ausfällt. Mit zunehmender Beanspruchung pendeln die

Berechnungsergebnisse um die exakte Lösung und erreichen diese bei Fortdauer des Rechenganges.

Die Anzahl der Teilschritte ergibt sich zu:

$$n_{sub} = \text{int}\left(\frac{\|\mathbf{d}\|}{d_{lim}}\right) \tag{3.29}$$

Die ermittelte Toleranz d_{lim} hängt von der Version des hypoplastischen Stoffgesetzes ab und liegt zwischen 0.001 und 0.05. Da das Stoffgesetz $\boxed{\text{Hypo1}}$ homogen erster Ordnung in $\boldsymbol{\sigma}$ ist und das Stoffgesetz $\boxed{\text{Hypo2}}$ bezüglich $\boldsymbol{\sigma}$ annähernd homogen erster Ordnung ist, kann das ermittelte d_{lim} für den gesamten Spannungsraum verwendet werden.

Da ein hypoplastisches Stoffgesetz durch eine objektive Rate definiert ist, ist bei der Berücksichtigung von geometrischer Nichtlinearität noch darauf zu achten, daß die Jaumann-Rate nicht inkrementell-objektiv ist. Wenn die Anzahl der Unterschritte für ein Lastinkrement zu groß wird, müssen die in diesem Inkrement auftretenden Anteile des Drehgeschwindigkeitstensors herausgefiltert werden. Eine Möglichkeit, dieses Problem in den Griff zu bekommen, ist die Formel von HUGHES und WINGET (1980).

Materialsteifigkeitsmatrix $\mathbf{C}^t$

Durch ein Umordnen mit Hilfe des Eulertheorems für tensorwertige Funktionen läßt sich das Stoffgesetz umformulieren zu:

$$\overset{\circ}{\boldsymbol{\sigma}} = (\mathbf{L} + \mathbf{n} \otimes \vec{\mathbf{d}}) : \mathbf{d} \qquad \text{mit} \qquad \vec{\mathbf{d}} = \frac{\mathbf{d}}{\|\mathbf{d}\|} \,. \tag{3.30}$$

Für die Materialsteifigkeitsmatrix $\mathbf{C}$ folgt dann:

$$\mathbf{C}^t = \frac{d\,\Delta\boldsymbol{\sigma}}{d\,\Delta\boldsymbol{\epsilon}} = \mathbf{L} + \mathbf{n} \otimes \vec{\mathbf{d}} \,. \tag{3.31}$$

Für das Stoffgesetz $\boxed{\text{Hypo1}}$ folgt:

$$\mathbf{C}^t = \left(C_1 \text{tr}\,\boldsymbol{\sigma}\mathbf{I} + C_2 \frac{\boldsymbol{\sigma} \otimes \boldsymbol{\sigma}}{\text{tr}\,\boldsymbol{\sigma}}\right) - \left(C_3 \frac{\boldsymbol{\sigma}^2}{\text{tr}\,\boldsymbol{\sigma}} + C_4 \frac{\boldsymbol{\sigma}^{*2}}{\text{tr}\,\boldsymbol{\sigma}}\right) \otimes \vec{\mathbf{d}} \tag{3.32}$$

Für das Stoffgesetz $\boxed{\text{Hypo2}}$ gilt:

$$\mathbf{C}^t = f_b f_e \frac{1}{\text{tr}\,(\hat{\boldsymbol{\sigma}}^2)}\left(F^2 \mathbf{I} + a^2 \hat{\boldsymbol{\sigma}} \otimes \hat{\boldsymbol{\sigma}}\right) - f_b f_e f_d \frac{Fa}{\text{tr}\,(\hat{\boldsymbol{\sigma}}^2)}\left(\hat{\boldsymbol{\sigma}} + \hat{\boldsymbol{\sigma}}^*\right) \otimes \vec{\mathbf{d}} \tag{3.33}$$

$\mathbf{C}^t$ stellt den tangentiellen Steifigkeitstensor vierter Ordnung dar, der für ABAQUS noch in eine Steifigkeitsmatrix umgeformt werden muß.

3.2.4 Anfangsspannungszustand
Initial stress state

Die hypoplastische Stoffgleichung ist nicht definiert für Spannungszustände mit tr σ = 0. Aus diesem Grund muß die Berechnung von einem Anfangsspannungszustand tr $\sigma \neq 0$ ausgehen. Es muß betont werden, daß das bei komplexeren Berechnungen ein erhebliches Problem darstellt. Bei einfachen Randbedingungen läßt sich der Anfangszustand aus generellen Überlegungen gewinnen, etwa aus der Sedimentation und dem Erdruhedruck. Bei komplexeren Randwertproblemen kann die Berechnung des Ausgangszustandes mit großem numerischen Aufwand verbunden sein und ist zur Zeit noch Gegenstand der Forschung. Es zeigt sich jedoch, daß der Einfluß des Anfangszustandes durch die nachfolgende Belastungsgeschichte geringer wird, vorausgesetzt die Beanspruchung führt zu einer wesentlichen Erhöhung des Spannungsniveaus.

3.2.5 Bestimmung der Materialparameter
Determination of the material parameters

Stoffgesetz $\boxed{\text{Hypo1}}$

Da die hypoplastische Stoffgleichung $\boxed{\text{Hypo1}}$ eine Linearkombination von 4 tensoriellen Termen ist, lassen sich die Materialkonstanten C_i bestimmen, wenn man die Zustandsgrößen σ, **d** an 2 Punkten eines Versuches kennt. Bei rotationssymmetrischen Versuchen mit $\sigma_2 = \sigma_3$ erhält man dann aus Gleichung (3.12) jeweils zwei Gleichungen für $\dot{\sigma}_1$ und $\dot{\sigma}_2$, woraus dann die C_i bestimmt werden können. Diese Konstanten sind charakteristisch für einen bestimmten Boden und haben keine physikalische Bedeutung, wie etwa der Reibungswinkel oder der E-Modul.

Im folgenden wird die Bestimmung der Parameter anhand eines Triaxialversuches dargestellt. Benötigt werden die Spannungs-Dehnungskurve und die Volumendehnungskurve (Abbildungen 3.10 und 3.11).

Daraus werden die folgenden charakteristischen Größen bestimmt:

Anfangssteifigkeit	$E_0(\sigma_0)$	$= \tan\alpha_0 = \mathrm{d}(\sigma_1 - \sigma_c)/\mathrm{d}\varepsilon_1$
		$= \dot{\sigma}_1/\dot{\varepsilon}_1$
Anfangsdilatanzwinkel	$\beta_0(\sigma_0)$	$= -\arctan(\dot{\varepsilon}_v/\dot{\varepsilon}_1)$
Reibungswinkel im Grenzzustand	φ_G	$= \arcsin[(\sigma_1 - \sigma_c)/(\sigma_1 + \sigma_c)]_G$
Dilatanzwinkel im Grenzzustand	β_G	$= -\arctan(\dot{\varepsilon}_v/\dot{\varepsilon}_1)_G$

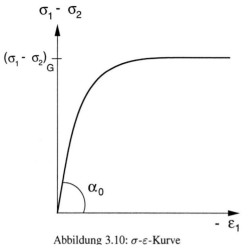

Abbildung 3.10: σ-ε-Kurve

Figure 3.10: deviatoric stress

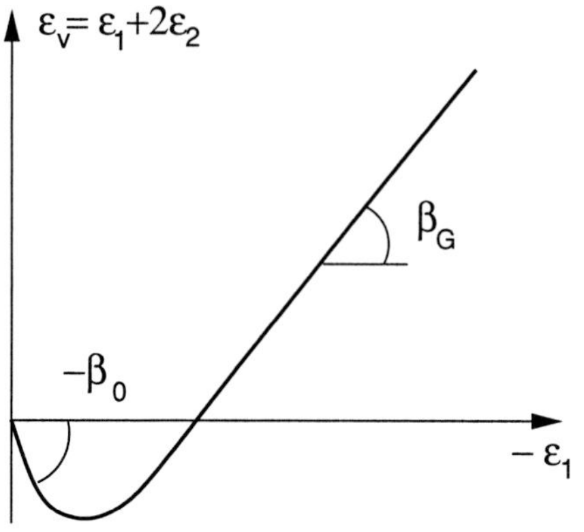

Abbildung 3.11: Volumendehnungskurve

Figure 3.11: volumetric strain

Mit der konstanten Seitenspannung $\sigma_2 = \sigma_3 = \sigma_c$ und der Deformationsgeschwindigkeit $\dot{\varepsilon}_1 = -1$ und $\dot{\varepsilon}_2 = -\frac{1}{2}(\tan\beta + 1)\dot{\varepsilon}_1$ erhält man aus (3.12) für den Anfangs- und den Endzustand 4 linear unabhängige Gleichungen, die sich in Matrizenform wie folgt darstellen lassen:

$$
\begin{bmatrix}
3 & \frac{1}{3}(1 - 2b_0) & -\frac{1}{3}c_0 & 0 \\
9b_0 & -1 + 2b_0 & c_0 & 0 \\
-(a+2)^2 & a(2b-a) & ca^2 & \frac{4}{9}c(a-1)^2 \\
(a+2)^2 b & 2b - a & c & \frac{1}{9}c(a-1)^2
\end{bmatrix}
\begin{Bmatrix}
C_1 \\ C_2 \\ C_3 \\ C_4
\end{Bmatrix}
=
\begin{Bmatrix}
\frac{E_0}{\sigma_c} \\ 0 \\ 0 \\ 0
\end{Bmatrix}
\tag{3.34}
$$

mit den Konstanten:

$$
\begin{aligned}
b_0 &= \tfrac{1}{2}(\tan\beta_0 + 1), & c_0 &= \sqrt{1 + 2b_0^2}, \\
b &= \tfrac{1}{2}(\tan\beta_G + 1), & c &= \sqrt{1 + 2b^2}, \\
a &= \tfrac{1 + \sin\varphi_G}{1 - \sin\varphi_G}.
\end{aligned}
\tag{3.35}
$$

BAUER (1992) gibt das Procedere für die Bestimmung der Konstanten C_i auch über einen Ödometerversuch an.

Stoffgesetz $\boxed{\text{Hypo2}}$

Die Stoffparameter für das Stoffgesetz von V.WOLFFERSDORFF (1996) werden nicht auf mathematischem Weg über das Lösen eines Gleichungssystems für bestimmte Spannungszustände bestimmt. Aufgrund der Arbeit von HERLE (1997) können die 8 Parameter relativ einfach aus den folgenden Beziehungen bestimmt werden:

- *Kritischer Reibungswinkel* ϕ_c*:* Aus einem Schüttkegelversuch läßt sich ϕ_c in guter Näherung bestimmen. Hierbei wird durch einen mitgezogenen Trichter ein Kegel aufgeschüttet.

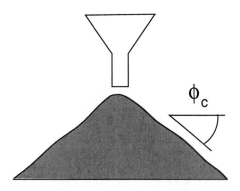

Abbildung 3.12: ϕ_c aus dem Schüttkegelversuch

Figure 3.12: Determination of ϕ_c from angle of repose

- *Granulathärte* h_s *und Exponent* n*:* Die Granulathärte ist eine dimensionsbehaftete Größe und wird gemeinsam mit dem Exponenten n über einen Ödometerversuch bei lockerster Lagerung mit e_{max} bestimmt. Aus der Regressionskurve nach Abbildung 3.13, in der p_s den durchschnittlichen Druck darstellt, können die Kompressionsbeiwerte C_{c1} und C_{c2} für zwei festgelegte Porenzahlen e_1 und e_2 bestimmt werden. Es gilt $C_c = \Delta e / \Delta \ln(p/p_0)$. Die Formeln

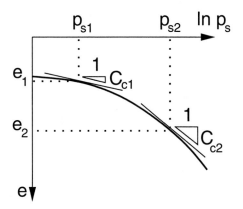

Abbildung 3.13: Kompressionskurve

Figure 3.13: Compression curve

zur Bestimmung von n und h_s lauten dann:

$$n = \frac{\ln\left(\frac{e_1 C_{c2}}{e_2 C_{c1}}\right)}{\ln\left(\frac{p_{s2}}{p_{s1}}\right)} \quad \text{und} \quad h_s = 3p_s \left(\frac{ne}{C_c}\right)^{1/n}. \tag{3.36}$$

- *Porenzahl bei dichtester Lagerung:* Die Größe e_{d0} stellt die Porenzahl bei dichtester Lagerung und beim Druck Null dar. Sie läßt sich aus Diagramm 3.14 in Abhängigkeit von der Kornform und der Ungleichförmigkeit U bestimmen ($U = d_{60}/d_{10}$) und entspricht näherungsweise der dichtesten Lagerung e_{min}.

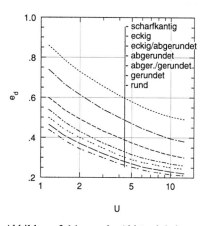

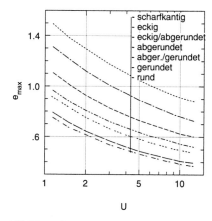

Abbildung 3.14: e_{d0} in Abhängigkeit von der Kornform und U (HERLE (1997))

Figure 3.14: e_{d0} depending on U and on the grain shape (HERLE, 1997)

Abbildung 3.15: $e_{c0} \approx e_{max}$ in Abhängigkeit von der Kornform und U (HERLE (1997))

Figure 3.15: $e_{c0} \approx e_{max}$ depending on U and on the grain shape (HERLE, 1997)

- *Porenzahl bei kritischer Lagerung e_{c0}:* Die Porenzahl bei kritischer Lagerung bei Druckniveau Null läßt sich annähernd mit der lockersten Lagerung e_{max} gleichsetzen, das aus Diagramm (3.15)in Abhängigkeit von der U und der Kornform bestimmt werden kann.

- *Porenzahl bei lockerster Lagerung e_{i0}:* Die Porenzahl bei lockerster Lagerung beim Druck Null e_{i0} läßt sich näherungsweise mit $e_{i0} = 1.15e_{c0}$ angeben.

- *Koeffizienten α und β:* Der Koeffizient α stellt den Einfluß der Dichte auf den Peakreibungswinkel eines Korngerüstes dar. Über die relative druckbezogene Lagerungsdichte:

$$r_e = \frac{e - e_d}{e_c - e_d} = \frac{e_{max} - D_r(e_{max} - e_{min})}{e_{max} - e_{min} \exp[-(3p_s/h_s)^n]} - \frac{e_{min}}{e_{max} - e_{min}}$$

$$\text{mit} \quad D_r = \frac{e_{max} - e}{e_{max} - e_{min}} \, ,$$

(3.37)

den Peakreibungswinkel ϕ_p und den kritischen Reibungswinkel ϕ_c läßt sich α aus den Diagrammen 3.16 und 3.17 bestimmen.

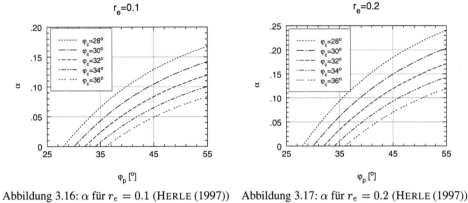

Abbildung 3.16: α für $r_e = 0.1$ (HERLE (1997))   Abbildung 3.17: α für $r_e = 0.2$ (HERLE (1997))

Figure 3.16: α for $r_e = 0.1$ (HERLE, 1997)   *Figure 3.17: α for $r_e = 0.2$ (HERLE, 1997)*

Der Koeffizient β beeinflußt die Steifigkeit des Korngerüstes in Abhängigkeit von der Lagerungsdichte. Er läßt sich anhand der Arbeit von HERLE (1997) berechnen, für die meisten Sande jedoch stellt $\beta = 1$ eine gute Näherung dar.

3.3   Elastoplastisches Stoffgesetz
Elasto-plastic material law

Als hyperelastisches Stoffgesetz wird hier ein ideal-elastisches ideal-plastisches Stoff-gesetz mit einer Fließfläche nach Mohr-Coulomb (MC) angewandt (COULOMB (1773), MOHR (1900)). Dieses Stoffgesetz ist die einfachste Möglichkeit, das Verhalten von Böden mit einer geringen Anzahl von Stoffparametern zu simulieren. Es wird in der Praxis häufig verwendet und stößt auf breite Akzeptanz. Das MC-Versagenskriterium war das erste, das den Einfluß des hydrostatischen Druckes auf die Festigkeit von granularen Stoffen berücksichtigte. Das Materialversagen wird bestimmt durch die maximale Schubspannung, die von der Normalspannung über folgende Gleichung abhängt:

$$|\tau| = c - \sigma \tan \varphi \,, \tag{3.38}$$

mit dem Reibungswinkel φ und der Kohäsion c. Obwohl dieses Versagenskriterium schon seit 1773 existiert, hat es sehr lange gedauert, bis es im Rahmen der Plasti-zitätstheorie in die Berechnungspraxis umgesetzt werden konnte. Die numerische Behandlung ist alles andere als trivial, da man es bei einer Aufbereitung für den allgemeinen dreidimensionalen Fall mit einer Fließfläche von der Form einer sechs-eckigen Pyramide mit Singularitäten in den Eckpunkten zu tun hat (*multisurface pla-sticity*). Zahlreiche Veröffentlichungen weisen auf die Schwierigkeiten bei der Be-rechnung der aktuellen Spannungen und der konsistenten Materialsteifigkeitsmatrix hin (u. a. CRISFIELD (1987a), CRISFIELD (1987b), DE BORST (1986), LARSSON und RUNESSON (1996), YU (1993)).

Im folgenden sollen die wesentlichen Schritte für die Implementierung des MC-Fließkriteriums in einen FE-Code aufgezeigt werden.

3.3.1   Konstitutive Gleichungen
Constitutive Equations

Auf die Grundlagen der Plastizitätstheorie soll hier nicht näher eingegangen wer-den. Einen umfassenden theoretischen und numerischen Überblick bietet das Buch von SIMO und HUGHES (1998). Es sollen jedoch die wesentlichen Punkte zur Im-plementierung eines hyperplastischen Stoffgesetzes aufgezeigt und am Beispiel des MC-Modelles erläutert werden, da sie später im Kapitel 4 benötigt werden.

Ein wesentliches Prinzip der Elastoplastizität ist es, die Verzerrungen und Verzer-rungsinkremente in einen elastischen und einen plastischen Teil aufzuspalten:

$$\epsilon = \epsilon^e + \epsilon^p \qquad \text{und} \qquad \Delta\epsilon = \Delta\epsilon^e + \Delta\epsilon^p \tag{3.39}$$

Als Schaltfunktion für die Unterscheidung von elastischem und plastischem Bereich wird eine *a priori* definierte Fließfläche F, im Falle von Mohr-Coulomb (MC) eine im Hauptspannungsraum definierte sechseckige unregelmäßige Pyramide, verwendet. Die sechs Flächen des Mohr-Coulomb Fließkriteriums können für den allgemeinen dreidimensionalen Fall mit folgenden drei Gleichungen dargestellt werden:

$$F^{(1)} = \tfrac{1}{2}|\sigma_2 - \sigma_3| + \tfrac{1}{2}(\sigma_2 + \sigma_3)\sin\varphi - c\cos\varphi = 0$$
$$F^{(2)} = \tfrac{1}{2}|\sigma_3 - \sigma_1| + \tfrac{1}{2}(\sigma_3 + \sigma_1)\sin\varphi - c\cos\varphi = 0 \qquad (3.40)$$
$$F^{(3)} = \tfrac{1}{2}|\sigma_1 - \sigma_2| + \tfrac{1}{2}(\sigma_1 + \sigma_2)\sin\varphi - c\cos\varphi = 0$$

Die beiden verwendeten Parameter sind der Reibungswinkel φ und die Kohäsion c. Eine Darstellung der Fießfläche im Hauptspannungsraum zeigt Abbildung 3.18, wobei immer zwei gleichfarbige Flächen von einer Fließfunktion $F^{(i)}$ dargestellt werden. In der Literatur (z.B. CHEN und ZHANG (1991)) wird auch oft folgende Darstellung der MC-Fließfläche verwendet:

$$F = \tfrac{1}{3}I_1 \sin\varphi + \sqrt{J_2}\sin(\theta + \tfrac{\pi}{3}) + \sqrt{\tfrac{J_2}{3}}\cos(\theta + \tfrac{\pi}{3})\sin\varphi - c\cos\varphi = 0 \quad , \quad (3.41)$$

mit der 1. Invariante des Spannungstensors I_1, der 2. Invariante des Spannungsdeviators J_2 und dem Lodewinkel θ. Diese Formulierung eignet sich jedoch kaum für die Umsetzung in einer Stoffgesetzroutine, da der Lodewinkel für die Zug- und Druckmeridiane singulär wird.

Die aus dem Drucker'schen Postulat folgende Normalitätsbedingung (die plastischen Verzerrungen sind bezüglich einer Projektion über den Elastizitätstensor **C** normal zur Fließfläche) entspricht nicht dem Verhalten von granularen Stoffen. Für diese gilt, daß die Dilatanz infolge von Scherbeanspruchungen geringer ist als sie durch assoziiertes Fließen (die plastischen Verzerrungen erfolgen normal zur Fließfläche) wiedergegeben werden kann. Aus diesem Grund leiten sich die plastischen Verzerrungen von einem Potential G ab, mit $G \neq F$. Für MC werden die Gleichungen für das plastische Potential G wie folgt festgelegt:

$$G^{(1)} = \tfrac{1}{2}|\sigma_2 - \sigma_3| + \tfrac{1}{2}(\sigma_2 + \sigma_3)\sin\psi$$
$$G^{(2)} = \tfrac{1}{2}|\sigma_3 - \sigma_1| + \tfrac{1}{2}(\sigma_3 + \sigma_1)\sin\psi \qquad (3.42)$$
$$G^{(3)} = \tfrac{1}{2}|\sigma_1 - \sigma_2| + \tfrac{1}{2}(\sigma_1 + \sigma_2)\sin\psi$$

Die Funktionen des Potentials stellen eine sechseckige Pyramide dar, deren Steigung vom Dilatanzwinkel ψ abhängt. Der Dilatanzwinkel ψ regelt die volumetrische Dehnung. Bei assoziiertem Fließen ist $\psi = \varphi$ und es stellt sich dilatantes Verhalten ein, für $\psi = 0$ bleibt die plastische Verzerrung volumskonstant ($0 \leq \psi \leq \varphi$).

Zur Implementierung des elastoplastischen Stoffgesetzes bietet sich die mathematische Formulierung von LARSSON und RUNESSON (1996) zur Programmierung an.

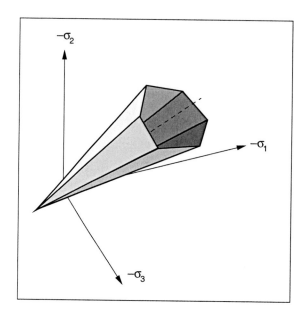

Abbildung 3.18: Mohr-Coulomb-Fließfläche im Hauptspannungsraum
Figure 3.18: Mohr-Coulomb yield surface in the principal stress space

Diese Formulierung befolgt die grundlegenden Annahmen der Arbeit von SIMO und
TAYLOR (1991) und wendet sie speziell auf das Problem des MC-Versagenskriteriums
an. Die wesentlichen Schritte sind:

- Transformation der Gleichungen in den Hauptspannungsraum

- Aktualisierung der Spannung im Hauptspannungsraum

- Rücktransformation in den allgemeinen Spannungsraum

Der große Vorteil dieser Vorgehensweise liegt in der Reduktion des Berechnungs-
aufwandes, die Spannungsberechnungen reduzieren sich von Vektoren und Matrizen
vom Grad 6 auf den Grad 3. Außerdem denkt es sich in drei Dimensionen leichter
als in sechs.

Zuerst wird der Bereich aller zulässigen Spannungen eingeführt mit:

$$B = \{\boldsymbol{\sigma} \,|\, F^{(i)}(\boldsymbol{\sigma}) \leq 0, i = 1, 2, ..\} \tag{3.43}$$

Das bedeutet, alle Spannungen müssen innerhalb der konvexen Fließfläche F liegen,
die sich aus den glatten Teilflächen $F^{(i)}$ zusammensetzt. Der Wert der Fließfunktion
ist im Fall von elastischem, ideal-plastischem Materialverhalten nur von $\boldsymbol{\sigma}$ abhängig.

3.3.2 Aktualisierung der Spannungen
Stress update

Über eine Spektralzerlegung lassen sich die Spannungen als eine Linearkombination von den Hauptspannungen σ_j mit den tensoriellen Produkten der Hauptspannungsrichtungen $\mathbf{n}_j$ (Eigenvektoren der Spannungsmatrix) darstellen:

$$\boldsymbol{\sigma} = \sum_{j=1}^{3} \sigma_j \, \mathbf{n}_j \otimes \mathbf{n}_j \quad \text{mit} \quad \sigma_1 \geq \sigma_2 \geq \sigma_3 \,. \tag{3.44}$$

Im Falle isotroper Plastizität lassen sich die Fließfunktionen umschreiben in:

$$F^{(i)}(\sigma_1, \sigma_2, \sigma_3) = a_1^{(i)}\sigma_1 + a_2^{(i)}\sigma_2 + a_3^{(i)}\sigma_3 - k \tag{3.45}$$

Die Ableitungen der Fließfunktionen lauten dann:

$$\mathbf{f}^{(i)} = \partial_{\boldsymbol{\sigma}} F^{(i)} = \sum_{j=1}^{3} f_j^{(i)} \mathbf{n}_j \otimes \mathbf{n}_j \quad \text{mit} \quad f_j^{(i)} = \partial_{\sigma_j} F^{(i)} = a_j \tag{3.46}$$

Die Reihung der Hauptspannungen der Größe nach bedingt, daß nicht mehr der gesamte Hauptspannungsraum, sondern nur mehr der Bereich mit $\sigma_1 \geq \sigma_2 \geq \sigma_3$ untersucht werden muß (hellgraue Bereich in Abb. 3.19).

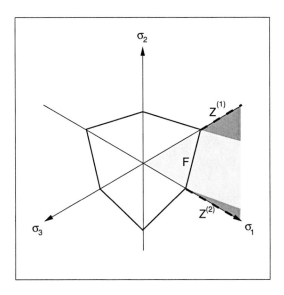

Abbildung 3.19: Fließfunktion F in der deviatorischen Ebene mit $\sigma_1 \geq \sigma_2 \geq \sigma_3$
Figure 3.19: Yield function FF in the deviatoric plain with $\sigma_1 \geq \sigma_2 \geq \sigma_3$

Daraus folgt, daß im Fall von MC nur mehr eine Fließfläche betrachtet werden muß.
Somit ist:

$$F(\sigma_1, \sigma_2, \sigma_3) = a_1\sigma_1 + a_2\sigma_2 + a_3\sigma_3 - k$$
$$a_1 = 1 + \sin\varphi, \quad a_2 = \sin\varphi, \quad a_3 = -1 + \sin\varphi \quad \text{und} \quad k = 2c\cos\varphi$$
$$\mathbf{f} = \partial_{\boldsymbol{\sigma}}F = \sum_{j=1}^{3} f_j\,\mathbf{n}_j \otimes \mathbf{n}_j \tag{3.47}$$

Das Potential G und die Richtungsableitung $\mathbf{g} = \partial_{\boldsymbol{\sigma}}G$ des Potentials lauten:

$$G(\sigma_1, \sigma_2, \sigma_3) = a_1^*\sigma_1 + a_2^*\sigma_2 + a_3^*\sigma_3 \quad \text{mit} \quad a_i^* = a_i + \tfrac{2}{3}(\sin\psi - \sin\varphi)$$
$$\mathbf{g} = \partial_{\boldsymbol{\sigma}}G = \sum_{j=1}^{3} g_j\,\mathbf{n}_j \otimes \mathbf{n}_j \quad \text{mit} \quad g_j = \partial_{\sigma_j}G = a_j^* \tag{3.48}$$

Im Bereich der *Ecken* der Fließfläche (dunklen Bereiche in Abb. 3.19) werden normalerweise die Fließbedingungen der angrenzenden Fließflächen aktiviert. Im vorliegenden Fall können sie durch die vereinfachten Gleichungen:

$$Z^{(1)} = \sigma_2 - \sigma_1 \leq 0$$
$$Z^{(2)} = \sigma_3 - \sigma_2 \leq 0$$

(3.49) ersetzt werden (Z Linien in Abb. 3.19). Diese Zwangsbedingungen stellen sicher, daß die Spannungen im Unterbereich U von B liegen, für den gilt:

$$U \in B, \quad U = \{\boldsymbol{\sigma} \mid \sigma_1 \geq \sigma_2 \geq \sigma_3\}. \tag{3.50}$$

Die Ableitungen der Zwangsbedingungen lauten:

$$\mathbf{z}^{(i)} = \sum_{j=1}^{2} z_j^{(i)}\,\mathbf{n} \otimes \mathbf{n} \quad \text{mit} \quad z_j = \partial_{\sigma_j}Z^{(i)}\quad . \tag{3.51}$$

Bei einem verzerrungsgesteuerten Integrationsalgorithmus wird für den Lastschritt zum Zeitpunkt $t^{(n+1)}$ die elastische Prediktorspannung ermittelt, indem man vom Spannungszustand $\boldsymbol{\sigma}^n$ zum Zeitpunkt t^n ausgeht und das Spannungsinkrement $\Delta\boldsymbol{\sigma}$ mit dem gegebenen Verzerrungsinkrement $\Delta\boldsymbol{\epsilon}$ als elastischen Schritt berechnet:

$$\boldsymbol{\sigma}^e = \boldsymbol{\sigma}^{e,(n+1)} = \boldsymbol{\sigma}^{(n)} + \mathbf{C}:\Delta\boldsymbol{\epsilon} \tag{3.52}$$

Der elastische Steifigkeitstensor $\mathbf{C}$ ist definiert mit:

$$\mathbf{C} = 2G(\mathbf{I} + \xi\boldsymbol{\delta} \otimes \boldsymbol{\delta}), \quad \xi = \frac{\nu}{1-2\nu}, \tag{3.53}$$

mit $\boldsymbol{\delta}$ und $\mathbf{I}$ den Einheitstensoren zweiter und vierter Ordnung und den elastischen Konstanten G und ν.

Liegt nun die Prediktorspannung außerhalb der Fließfläche, d. h. $F > 0$ und damit $\boldsymbol{\sigma}^e \notin B$, muß man durch eine Projektion der Prediktorspannung auf die Fließfläche die aktuelle Spannung zum Zeitpunkt $t^{(n+1)}$ ermitteln.

Die plastische Verzerrung läßt sich über die plastischen Multiplikatoren $\Delta\lambda$, $\Delta\mu^{(1)}$ und $\Delta\mu^{(2)}$ ausdrücken:

$$\Delta\boldsymbol{\epsilon}^p = \Delta\lambda\,\mathbf{g} + \sum_{k=1}^{2} \Delta\mu^{(k)}\mathbf{z}^{(k)} \quad . \tag{3.54}$$

Über die Aufteilung der Verzerrungsinkremente (3.39) in einen elastischen und einen plastischen Anteil werden die Spannungen berechnet:

$$\boldsymbol{\sigma} = \mathbf{C} : \Delta\boldsymbol{\varepsilon}^e = \boldsymbol{\sigma}^e - \mathbf{C} : \Delta\boldsymbol{\epsilon}^p \quad . \tag{3.55}$$

Einsetzen von (3.53) und (3.54) führt zu:

$$\begin{aligned}
\boldsymbol{\sigma} &= \boldsymbol{\sigma}^e - \Delta\lambda\,\mathbf{C} : \mathbf{g} - \sum_{k=1}^{2} \Delta\mu^{(k)}\,\mathbf{C} : \mathbf{z}^{(k)} = \\
&= \boldsymbol{\sigma}^e - 2G\left[\Delta\lambda(\mathbf{g} + \xi g_{vol}\boldsymbol{\delta}) + \sum_{k=1}^{2} \Delta\mu^{(k)}\mathbf{z}^{(k)}\right] \quad ,
\end{aligned} \tag{3.56}$$

mit $g_{vol} = g_1 + g_2 + g_3$. Da $\boldsymbol{\sigma}$, $\mathbf{g}$, $\mathbf{z}^{(k)}$ und $\boldsymbol{\delta}$ koaxiale Tensoren sind (bei Einschränkung auf elastische und plastische Isotropie) folgt, daß $\boldsymbol{\sigma}^e$ koaxial mit diesen Tensoren ist. Die Hauptspannungsrichtungen sind deshalb durch $\boldsymbol{\sigma}^e$ festgelegt, und die Aktualisierung der Spannungen kann somit gänzlich im Hauptspannungsraum durchgeführt werden. Ebenso sind die Potentiale der Fließfläche und der Zwangsbedingungen in $\boldsymbol{\sigma}^e$ festgelegt, was zu einer Aktualisierung der Spannung analog dem *radial-return*-Algorithmus in einem Schritt führt.

Gleichung (3.56) lautet in Hauptspannungsdarstellung:

$$\sigma_i = \sigma_i^e - 2G\left[\Delta\lambda(g_i + \xi g_{vol}) + \sum_{k=1}^{2} \Delta\mu^{(k)}z_i^{(k)}\right] \quad . \tag{3.57}$$

Über Evaluierung von (3.57) mit den KUHN-TUCKER-Bedingungen für mehrere Fließflächen (SIMO *et al.* (1988)) erhält man die gesuchten plastischen Multiplikatoren durch Auflösung der Gleichungen

$$F^e + \partial_{\boldsymbol{\sigma}} F \, \Delta\boldsymbol{\sigma} = 0$$
$$Z^{(1)e} + \partial_{\boldsymbol{\sigma}} Z^{(1)} \, \Delta\boldsymbol{\sigma} = 0 \qquad\qquad (3.58)$$
$$Z^{(2)e} + \partial_{\boldsymbol{\sigma}} Z^{(2)} \, \Delta\boldsymbol{\sigma} = 0$$

mit folgendem Gleichungssystem:

$$
\begin{bmatrix} A & -A_1 & -A_2 \\ -A_1 & 2 & -1 \\ -A_2 & -1 & 2 \end{bmatrix}
\begin{bmatrix} \Delta\lambda \\ \Delta\mu^{(1)} \\ \Delta\mu^{(2)} \end{bmatrix}
= \frac{1}{2G}
\begin{bmatrix} F^e - F \\ Z^{(1)e} - Z^{(1)} \\ Z^{(2)e} - Z^{(2)} \end{bmatrix} \; . \qquad (3.59)
$$

Die verwendeten Koeffizienten lauten:

$$A = g_1^2 + g_2^2 + g_3^2 + \xi g_{vol}^2 > 0, \; A_1 = g_1 - g_2 > 0, \; A_2 = g_2 - g_3 \quad , \qquad (3.60)$$

und der Index e legt die Werte für den elastischen Prediktorzustand $\boldsymbol{\sigma} = \boldsymbol{\sigma}^e$ fest. Die KUHN-TUCKER-Bedingungen lauten:

$$F \leq 0, \; \Delta\lambda \geq 0, \; \Delta\lambda F = 0, \; Z^{(k)} \leq 0, \; \Delta\mu^{(k)} \geq 0, \; \Delta\mu^{(k)} Z^{(k)} = 0, \qquad (3.61)$$

$$k = 1, 2 \quad .$$

Einsetzen der Ergebnisse für die plastischen Multiplikatoren in (3.56) liefert die Hauptspannungen σ_i, die über (3.44) in die gesuchten Spannungen $\boldsymbol{\sigma}$ umgerechnet werden.

Je nach Position der elastischen Prediktorspannung $\boldsymbol{\sigma}^e$ sind demnach vier Fälle für die Spannungsaktualisierung zu unterscheiden:

1. *Reguläre Lösung:* Die aktualisierte Spannung liegt auf der Fließfläche F, die Zwangsbedingungen $Z^{(k)}$ werden nicht verletzt. Es gilt:

$$\Delta\lambda \geq 0, \quad \Delta\mu^{(1)} = \Delta\mu^{(2)} = 0 \quad . \qquad (3.62)$$

   Somit erhält man mittels (3.59):

$$\Delta\lambda = \frac{1}{2GA} F^e \quad , \qquad (3.63)$$

   und die Hauptspannungen zu:

$$\sigma_i = \sigma_i^e - \frac{F^e}{A}(g_i + \xi g_{vol}) \quad . \qquad (3.64)$$

2. *Ecklösung am Druckmeridian:* Beim Spannungsupdate wird die Zwangsbedingung $Z^{(1)}$ verletzt, und damit ist $\Delta\lambda \geq 0$, $\Delta\mu^{(1)} \geq 0$ und $\Delta\mu^{(2)} = 0$. Über (3.59) erhält man die plastischen Multiplikatoren und damit die Spannungen.

3. *Ecklösung am Zugmeridian:* Nach dem Projizieren der Spannung auf die Fließ-fläche F wird die zweite Zwangsbedingung $Z^{(2)}$ verletzt und es gilt: $\Delta\lambda \geq 0$, $\Delta\mu^{(1)} = 0$ und $\Delta\mu^{(2)} \geq 0$.

4. *Spannungsupdate auf die Spitze:* Werden beide Zwangsbedingungen verletzt, so liegt die aktualisierte Spannung σ auf der Spitze der Fließfläche.

Für die Punkte 2 bis 4 werden die Spannungen und plastischen Multiplikatoren nicht angeschrieben, sie können analog zu Punkt 1 aus den obigen Gleichungen ermittelt werden.

3.3.3   Tangentielle Materialsteifigkeitsmatrix
Tangent stiffness modulus tensor

Wie schon in Kapitel 2 ausgeführt wurde, muß dem FE-Programmcode bei der Verwendung von nichtlinearen Stoffgesetzen die Materialsteifigkeitsmatrix $\mathbf{C}^t$ zum Zeitpunkt $t^{(n+1)}$ angegeben werden. Unter Verwendung der Arbeiten von LARSSON und RUNESSON (1996) und SIMO *et al.* (1988) lassen sich die notwendigen Herleitungen erstellen.

Es gilt:

$$
\begin{aligned}
\mathrm{d}\,\Delta\boldsymbol{\sigma} &= \mathbf{C} : (\mathrm{d}\,\Delta\boldsymbol{\epsilon} - \mathrm{d}\,\Delta\boldsymbol{\epsilon}^p) \\
\mathrm{d}\,\Delta\boldsymbol{\epsilon}^p &= \Delta\lambda\,\mathrm{d}\,\mathbf{g} + \mathrm{d}\,\Delta\lambda\,\mathbf{g} + \sum_{k=1}^{2}\left(\mathrm{d}\,\Delta\mu^{(k)}\mathbf{z}^{(k)} + \Delta\mu^{(k)}\,\mathrm{d}\,\mathbf{z}^{(k)}\right)
\end{aligned} \tag{3.65}
$$

Aufgrund der Spektralzerlegung von σ und der Koaxialität von σ mit σ^e können einige Vereinfachungen vorgenommen werden. Unter Anwendung von SERRIN's Theorem lassen sich die Eigenbasen $\mathbf{m}_i$ als Funktion von σ^e und δ ausdrücken:

$$
\begin{aligned}
\mathbf{m}(\boldsymbol{\sigma}^e)_i &\equiv \mathbf{n}_i \otimes \mathbf{n}_i = \frac{\sigma_i^e}{d_i^e}(\boldsymbol{\sigma}^e - (I_1^e - \sigma_i^e)\boldsymbol{\delta} + I_3^e/\sigma_{(i}^e)^{-1}(\boldsymbol{\sigma}^e)^{-1}), \\
d_i^e &= 2(\sigma_i^e)^2 - I_1^e\sigma_i^e + I_3^e(\sigma_i^e)^{-1}, \; I_1^e = \boldsymbol{\delta} : \boldsymbol{\sigma}^e, \; I_3^e = \det\boldsymbol{\sigma}^e .
\end{aligned} \tag{3.66}
$$

Die Ableitungen $\mathrm{d}\,\mathbf{g}$, $\mathrm{d}\,\mathbf{z}^{(k)}$ werden unter Verwendung der linearisierten Eigenbasen $\mathbf{M}_i \equiv \partial_{\boldsymbol{\sigma}^e}\mathbf{m}_i$ dann wie folgt angeben:

$$
\begin{aligned}
\mathrm{d}\,\mathbf{g} &= \mathbf{B} : \mathbf{C} : \mathrm{d}\,\Delta\boldsymbol{\epsilon}, &&\text{mit}\quad \mathbf{B} = \textstyle\sum_{i=1}^3 g_i\mathbf{M}_i \\
\mathrm{d}\,\mathbf{z}^{(k)} &= \mathbf{D}^{(k)} : \mathbf{C} : \mathrm{d}\,\Delta\boldsymbol{\epsilon}, &&\text{mit}\quad \mathbf{D}^{(k)} = \textstyle\sum_{i=1}^3 z_i^{(k)}\mathbf{M}_i .
\end{aligned} \tag{3.67}
$$

Kombinieren der beiden Gleichungen (3.65) und Einsetzen von (3.67) ergibt:

$$d\,\Delta\boldsymbol{\sigma} = \mathbf{C} : \left[\mathbf{R} : d\,\Delta\boldsymbol{\epsilon} - d\,\Delta\lambda\,\mathbf{g} - \sum_{k=1}^{2} d\,\Delta\mu^{(k)}\mathbf{z}^{(k)}\right], \quad \text{mit}$$

$$\mathbf{R} = \mathbf{I} - \left[\Delta\lambda\,\mathbf{B} + \sum_{k=1}^{2} \Delta\mu^{(k)}\mathbf{D}^{(k)}\right] : \mathbf{C}. \tag{3.68}$$

Unter Auflösung von:

$$\partial_{\boldsymbol{\sigma}} F\, d\,\Delta\boldsymbol{\sigma} = 0$$
$$\partial_{\boldsymbol{\sigma}} Z^{(1)}\, d\,\Delta\boldsymbol{\sigma} = 0$$
$$\partial_{\boldsymbol{\sigma}} Z^{(2)}\, d\,\Delta\boldsymbol{\sigma} = 0$$

(3.69) erhält man die Unbekannten $d\,\Delta\lambda$, $d\,\Delta\mu^{(k)}$ aus folgendem Gleichungssystem:

$$\begin{bmatrix} A & -A_1 & -A_2 \\ -A_1 & 2 & -1 \\ -A_2 & -1 & 2 \end{bmatrix} \begin{bmatrix} d\,\Delta\lambda \\ d\,\Delta\mu^{(1)} \\ d\,\Delta\mu^{(2)} \end{bmatrix} = \frac{1}{2G} \begin{bmatrix} \mathbf{f} : \mathbf{C} : d\,\Delta\boldsymbol{\epsilon} \\ \mathbf{z}^{(1)} : \mathbf{C} : d\,\Delta\boldsymbol{\epsilon} \\ \mathbf{z}^{(2)} : \mathbf{C} : d\,\Delta\boldsymbol{\epsilon} \end{bmatrix}, \tag{3.70}$$

mit den Konstanten A, A_1, A_2 von (3.59).

Die konsistente Tangente $\mathbf{C}^t$ - im Fall von elastoplastischen Werkstoffgesetzen auch elasto-plastische Materialsteifigkeit $\mathbf{C}^{ep}$ genannt - läßt sich nun für den regulären Fall $\Delta\mu^{(k)} = d\,\Delta\mu^{(k)} = 0$ durch Berechnung von $d\,\Delta\lambda$ aus (3.70) und Einsetzen in (3.68) angeben mit:

$$\mathbf{C}^t = \mathbf{C}^{ep} = \frac{d\,\Delta\boldsymbol{\sigma}}{d\,\Delta\boldsymbol{\epsilon}} = \mathbf{C} - \frac{1}{h}\mathbf{C} : \mathbf{g} \otimes \mathbf{f} : \mathbf{C} - \Delta\lambda\,4G^2\mathbf{B} \tag{3.71}$$

wobei $h = \mathbf{f} : \mathbf{C} : \mathbf{g}$. Für die Ecklösungen werden die Tangentensteifigkeiten analog ermittelt und hier nicht gesondert angegeben.

3.3.4   Kalibrierung der Materialparameter
Determination of the material parameters

Die für das MC-Stoffgesetz zu bestimmenden Materialparameter sind der Reibungswinkel φ, die Kohäsion c, die Querdehnzahl ν, der Elastizitätsmodul E und der Dilatanzwinkel ψ.

Es muß betont werden, daß alle diese fünf Parameter keineswegs Konstanten sind und vom jeweiligen Druckniveau und der Beanspruchung des Bodens abhängig sind.

Daraus folgt, daß die Parameter, die über Linearisierungen gewonnen werden, nur für einen kleinen Beanspruchungsbereich gelten.

Reibungswinkel und Kohäsion

Reibungswinkel und Kohäsion können über die Auswertung von Scher- oder Triaxialversuchen gewonnen werden.

- *Scherversuch:* In der Regel werden drei Versuche bei unterschiedlichen Drücken mit trockenen Bodenproben durchgeführt. Es wird die maximale Schubspannung τ über der Normalspannung in einem Diagramm aufgetragen und damit c und φ bestimmt (Abb. 3.20).

- *Triaxialversuch:* Auch hier werden in der Regel drei Versuche durchgeführt. Durch Auswertung über MOHR'sche Kreise werden c und φ über Linearisierung der Bruchumhüllenden bestimmt (Abb. 3.21).

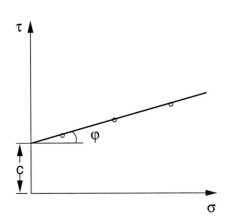

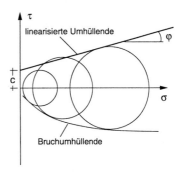

Abbildung 3.20: c, φ aus Scherversuchen

Figure 3.20: c, φ from shear tests

Abbildung 3.21: c, φ aus Triaxialversuchen

Figure 3.21: c, φ from triaxial tests

Der Reibungswinkel φ, wie er für das MC-Stoffgesetz verwendet wird, ist stark vom Druckniveau abhängig und deshalb keine Konstante. Er darf nicht mit dem Reibungswinkel für ein hypoplastisches Stoffgesetz verwechselt werden. Dort stellt ϕ_c den Grenzwert bei stationärem Fließen dar und ist konstant.

Elastizitätsmodul und Querdehnzahl

Die Querdehnzahl ν läßt sich für trockene granulare Böden über den Erdruhedruck-beiwert K_0 abschätzen. Die Formel von JAKY liefert eine gute Näherung mit $K_0 = 1 - \sin \phi_c$. Die Querdehnzahl lautet dann:

$$\nu = \frac{K_0}{1 + K_0} = \frac{1 - \sin \phi_c}{2 - \sin \phi_c} . \tag{3.72}$$

Der Elastizitätsmodul wird normalerweise als Tangentenmodul der Anfangssteifig-keit angegeben. In der vorliegenden Arbeit, in der es um ein richtiges Beschreiben des Setzungsverhaltens des Bodens geht, ist es jedoch besser, den E-Modul als Se-kantenmodul im betrachteten Spannungsbereich auszulegen.

Der Elastizitätsmodul E läßt sich über den Steifemodul E_s aus der linearisierten Drucksetzungslinie eines Ödometerversuches bestimmen (3.22). Für zwei Axialdeh-nungen ε_1, ε_2 und den dazugehörigen Axialspannungen σ_1, σ_2 lautet die Formel für den Steifemodul:

$$E_s = \frac{\Delta \sigma}{\Delta \varepsilon} = \frac{\sigma_2 - \sigma_1}{\varepsilon_2 - \varepsilon_1} \tag{3.73}$$

Es liegt auf der Hand, daß der Steifemodul für eine Berechnung eines ARWP mit ei-ner großen Bandbreite im Druckniveau nur eine grobe Näherung darstellt. Die DIN 18134 (1993) gibt an, daß für den Anfangs- und den Endspannungszustand die ver-tikalen Spannungen unter dem Fundament vor und nach dem Aufbringen der Last heranzuziehen sind. Diese sind jedoch vor der Berechnung nur selten bekannt und müssen daher meist als mittlere Spannungen abgeschätzt werden.

Der Elastizitätsmodul berechnet sich dann aus dem Steifemodul über folgende Be-ziehung:

$$E = E_s \left(1 - \frac{2\nu^2}{1 - \nu} \right) . \tag{3.74}$$

Dilatanzwinkel

Der Dilatanzwinkel ψ wird für praktische Berechnungen oft nicht ermittelt, obwohl sein Einfluß auf die berechneten Verzerrungen beträchtlich sein kann. Wird der Di-latanzwinkel aus einem Scherversuch bestimmt, so ist ψ nach GUDEHUS (1981) jener Winkel unter dem Graphen der Dickenänderung Δd über dem Scherweg s (Abb. 3.23). WOOD (1990) beschreibt die Herleitung von ψ für den ebenen Form-änderungszustand aus der Spannungs-Dilatanz Beziehung von ROWE (1962). Zum selben Ergebnis kommt man über die Betrachtung der Mohr'schen Kreise für die Hauptdehnungen (HANSEN (1960)). Es gilt:

$$\psi = \arcsin \left[-\frac{\Delta \varepsilon_1 + \Delta \varepsilon_2}{\Delta \varepsilon_1 - \Delta \varepsilon_2} \right] . \tag{3.75}$$

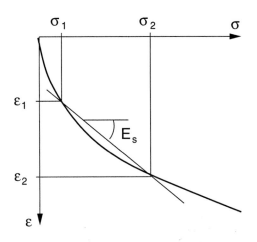

Abbildung 3.22: Drucksetzungslinie aus dem Ödometerversuch

Figure 3.22: axial stress-strain curve of an oedometric test

Bei der Bestimmung von ψ über den Triaxialversuch läßt sich der Winkel nicht so ohne weiteres bestimmen. TATSUOKA (1987) definiert den Dilatanzwinkel (inkrementelle Axialdehnung $\Delta\varepsilon_1$ und Inkrement der Radialdehnung $\Delta\varepsilon_2$) über folgende Formel:

$$\psi = \arcsin\left[-\frac{\Delta\varepsilon_1 + 2\Delta\varepsilon_2}{\Delta\varepsilon_1 - 2\Delta\varepsilon_2}\right] , \qquad (3.76)$$

was einer Analogie zu (3.75) entspricht. Der Dilatanzwinkel ist demnach keine Konstante, was sich auch an Abb. 3.23 erkennen lässt. Ebenso wie bei der Bestimmung des Steifemoduls muss ψ über eine Linearisierung bestimmt werden.

Zu einer invarianten Darstellung für den Dilatanzwinkel ψ kommt man über die Betrachtung der Fließbedingung F und der Fließfunktion G des MOHR-COULOMB-Versagenskriteriums in der invarianten $p - q$ Darstellung für triaxiale Kompression. Hierbei beschreibt $p = \frac{1}{3}(\sigma_1 + 2\sigma_2)$ die volumetrische Spannung und die deviatorische Spannung q ist definiert mit:

$$q = \sqrt{\frac{1}{2}\left\{(\sigma_{yy} - \sigma_{zz})^2 + (\sigma_{zz} - \sigma_{xx})^2 + (\sigma_{xx} - \sigma_{yy})^2\right\} + 3(\sigma_{yz} + \sigma_{zx} + \sigma_{xy})},$$
$$(3.77)$$

und vereinfacht für den triaxialen Fall: $q = \sigma_1 - \sigma_2$. Die zu p und q konjugierten Verzerrungsgrößen sind das Inkrement der volumetrischen Verzerrung $\Delta\varepsilon_v$ und jenes der deviatorischen Verzerrung $\Delta\varepsilon_q$:

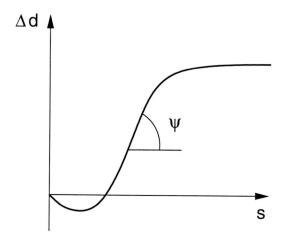

Abbildung 3.23: $p - q$ Diagramm für triaxiale Kompression

Figure 3.23: $p - q$ diagram for oedometric compression

$$\Delta\varepsilon_v = \Delta\varepsilon_{xx} + \Delta\varepsilon_{yy} + \Delta\varepsilon_{zz}$$

$$\Delta\varepsilon_q = \tfrac{1}{3}\Big\{ 2\left[(\Delta\varepsilon_{yy} - \Delta\varepsilon_{zz})^2 + (\Delta\varepsilon_{zz} - \Delta\varepsilon_{xx})^2 + (\Delta\varepsilon_{xx} - \Delta\varepsilon_{yy})^2\right] + \quad (3.78)$$

$$+ \, 3(\Delta\gamma_{yz}^2 + \Delta\gamma_{zx}^2 + \Delta\gamma_{xy}^2)\Big\}^{\frac{1}{2}}.$$

Diese lassen sich für den Fall der triaxialen Kompression vereinfachen zu:

$$\Delta\varepsilon_v = \Delta\varepsilon_1 + 2\Delta\varepsilon_2$$

$$\Delta\varepsilon_q = \tfrac{2}{3}(\Delta\varepsilon_1 - \Delta\varepsilon_2). \qquad (3.79)$$

Da p und q zu ε_v und ε_q arbeitskonjugierte Größen sind, kann man beide im selben Diagramm auftragen. In Abbildung 3.24 werden Fließfläche F und plastisches Potential G dargestellt. Da die Verzerrungsinkremente nach Eintreten des Fließens normal auf die Fließfunktion G stehen, gilt:

$$\frac{\Delta\varepsilon_q}{\Delta\varepsilon_v} = -\frac{6\sin\psi}{3 - \sin\psi}, \qquad (3.80)$$

und daraus folgt:

$$\sin\psi = -\frac{3\Delta\varepsilon_v}{6\Delta\varepsilon_q - \Delta\varepsilon_v} = -\frac{\Delta\varepsilon_1 + 2\Delta\varepsilon_2}{\Delta\varepsilon_1 - 2\Delta\varepsilon_2}. \qquad (3.81)$$

Gleichung (3.81) stimmt also im Fall triaxialer Kompression mit (3.76) überein. Kennt man die Steigung b der volumetrischen Kurve (Abbildung 3.25), so läßt sich

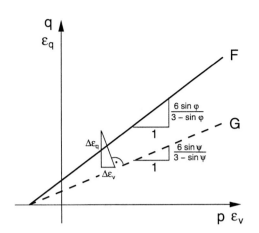

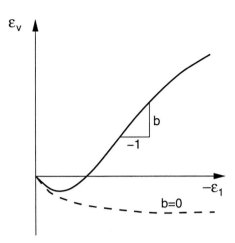

Abbildung 3.24: $p - q$ Diagramm für triaxiale Kompression

Figure 3.24: $p - q$ diagram for triaxial compression

Abbildung 3.25: Volumsdehnung für einen Triaxialversuch

Figure 3.25: volumetric strain in triaxial compression

(3.81) umformen zu:

$$\psi = \arcsin \left[\frac{b}{2 + b} \right] . \tag{3.82}$$

Für FE-Berechnungen wird oft die Annahme $\psi = \varphi$ getroffen, was für körnige Böden jedoch absolut unzutreffend ist. Die Auflockerung bei Scherverformungen wird dadurch stark überschätzt, da ψ immer kleiner als φ ist. Bei lockeren Böden (strichlierte Linie) kommt es nach der anfänglichen Kontraktanz zu keiner nennenswerten Volumsvergrößerung und somit zu einer volumskonstanten Scherung , d.h. $\psi = 0$.

3.4   Verifizierung der Bodenstoffgesetze
Verification of the constitutive laws for granular soils

Die in diesem Kapitel vorgestellten Stoffgesetze werden nun über die Nachrechnung von Versuchen verifiziert. Zuerst werden die Elementversuche für einen Ödometer- und einen Triaxialversuch simuliert. Im Anschluß daran wird ein auf Sand gebetteter elastischer Balken berechnet.

Die Eignung der hypoplastischen Stoffgleichungen zur Berechnung von Flachgründungen soll durch die Nachrechnung eines Versuches verifiziert werden. Es soll hier darauf hingewiesen werden, daß es kaum verwertbare Versuchsdaten für Flachgründungen gibt. Bei weiter zurückliegenden *in situ* Versuchen ist die Angabe von Bodenkennwerten meist äußerst mangelhaft und für neu entwickelte Stoffgesetze unbrauchbar.

3.4.1   Elementversuche
Single element tests

Hier sollen Elementversuche von Triaxial- und Ödometerversuchen numerisch simuliert und mit den Testdaten verglichen werden. Ausgehend von der Überlegung, daß das Spannungsniveau unter Plattenfundamenten nicht sehr hoch ist, wurden Versuche ausgewählt, die bei niederem Druckniveau durchgeführt wurden. Für den Ödometerversuch wurden die Daten der Arbeit von BAUER (1992) entnommen, die Versuchsergebnisse des Triaxialversuches stammen von WU (1992). Beide Versuche verwenden Karlsruher Sand mit einer Lagerungsdichte $e_0 = 0.55$.

Materialparameter

In der Literatur werden die Stoffparameter meist als gegeben betrachtet. Wer sich jedoch eingehender mit nichtlinearen Bodenstoffgesetzen befasst, weiß um den Einfluß der Materialkennwerte auf die Berechnungsergebnisse. Nur mit elementaren Kenntnissen der Parameterbestimmung weiß man dann auch, welche Kenngrößen der Problemstellung angepaßt werden müssen.

Hier soll gezeigt werden, wie man für einen konkreten Sand die Stoffparameter für die drei Stoffgesetze bestimmt.

Stoffgesetz [Hypo1]   Für die Stoffgleichung von WU (1992) ist die Anfangslagerungsdichte bei den zu analysierenden ARWP ausschlaggebend für die Parameterfestlegung. Bei den in den folgenden Abschnitten berechneten Elementversuchen

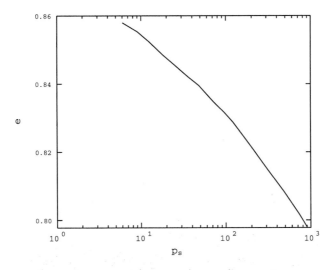

Abbildung 3.26: Ödometerversuch für Karlsruher Sand bei lockerster Lagerung

Figure 3.26: Oedometer test for KARLSRUHE *Sand with lowest density*

und bei der Fundamentberechnung wird von dichtem Sand ausgegangen. Es werden die C_i für eine Porenzahl $e_0 = 0.55$ ermittelt.

Die Kennwerte werden aus den Daten eines Triaxialversuches gewonnen. Mit

φ_G [°]	β_G [°]	β_0 [°]	E_0/σ_c
38.4°	30.9°	$-43.3°$	-340

ergeben sich die Stoffparameter über das Gleichungssystem (3.34) zu:

Porenzahl	C_1	C_2	C_3	C_4
$e_0 = 0.55$	-110.15	-963.73	-877.19	1226.2

Stoffgesetz **Hypo2**   Für die Stoffgleichung von v.WOLFFERSDORFF (1996) gilt, daß mit einem Parametersatz sowohl lockere als auch dichte Böden in einem weiten Druckbereich modelliert werden können. Für eine genaue Berechnung sollten die Konstanten jedoch für den zu untersuchenden Druckbereich bestimmt werden.

Die von HERLE (1997) für Karlsruher Sand bestimmten Materialparameter wurden für den Spannungsbereich bis 1 MN/m^2 bestimmt. Da die Versuche jedoch nur bis zu einem Druckniveau von ca. 300 kPa gefahren wurden, ist die Spannungsantwort mit dem genannten Parametersatz zu steif und es werden die Parameter an das niedrigere Druckniveau angepasst. Ausgangspunkt für die Parameterbestimmung ist ein Ödometerversuch bei lockerster Lagerung (Abbildung 3.26).

Aus diesem Ödometerversuch mit Karlsruher Sand und einer Anfangslagerungsdichte $e_0 = 0.86$ lassen sich für zwei Spannungen und die zugehörigen Porenzahlen die Kompressionsmodule und damit n und h_s über (3.36) bestimmen:

$$n = \frac{\ln\left(\frac{e_1 C_{c2}}{e_2 C_{c1}}\right)}{\ln\left(\frac{p_{s2}}{p_{s1}}\right)} = \frac{\ln\left(\frac{0.855 \cdot 0.0147}{0.829 \cdot 0.0092}\right)}{\ln\left(\frac{80.56}{6.04}\right)} = 0.20 \,. \tag{3.83}$$

Daraus folgt für das kleinere Druckniveau:

$$h_s = 3 p_s \left(\frac{ne}{C_c}\right)^{1/n} = 3 \cdot 6.04 \left(\frac{0.20 \cdot 0.855}{0.0092}\right)^{1/0.20} = 41155 \,\text{MN/m}^2 \,. \tag{3.84}$$

Der kritische Reibungswinkel wird über den Schüttkegelversuch mit $\phi_c = 30°$ bestimmt.

Für $U = 1.8$ und ein abgerundetes Korn ergibt sich die Porenzahl für dichteste Lagerung $e_{d0} = 0.53$ aus Diagramm (3.14). Für die Porenzahl e_{c0} bei kritischer Lagerungsdichte folgt aus Diagramm (3.15) $e_{c0} = 0.84$. Die lockerste Lagerung bei Druckniveau Null folgt dann zu $e_{io} = 0.97$.

Die relative Dichte r_e berechnet sich mit Formel (3.37) zu $r_e = 0.2$. Damit läßt sich aus (3.17) α bestimmen. Demnach beträgt $\alpha = 0.12$. Ohne genaue Berechnung wird $\beta = 1$ angenommen.

Demnach lauten die Stoffkennwerte für das Stoffgesetz $\boxed{\text{Hypo2}}$:

$\phi_c\,[°]$	$h_s\,[\text{MN/m}^2]$	n	e_{i0}	e_{c0}	e_{d0}	α	β
30	41155	0.20	0.53	0.84	0.97	0.12	1.0

Stoffgesetz $\boxed{\text{MC}}$ Für das MC-Stoffgesetz werden für die Parameterfestlegung die Ergebnisse von Triaxialversuchen durchgeführt von Wu (1992) verwendet. Da es sich um ein linear-elastisches ideal-plastisches Stoffgesetz handelt, entsprechen die Materialparameter einer Linearisierung der Bodeneigenschaften für den zu untersuchenden Druckbereich. Das heißt, je größer der Beanspruchungsbereich der Analyse ist, desto größer werden die Abweichungen des Stoffgesetzes vom realen Verhalten.

Beim Triaxialversuch mit einem Zelldruck von 100 kPa beträgt der Peakreibungswinkel $\varphi_p = 38°$, was dem Reibungswinkel φ des MC-Stoffgesetzes entspricht. Über die Volumendehnungskurve und Gleichung (3.82) läßt sich der Dilatanzwinkel zu $\psi = 13°$ berechnen. Die Kohäsion wird Null gesetzt.

Beim Ödometerversuch beträgt die Anfangsspannung $\sigma_1 = 5$ kPa und die Endspannung $\sigma_2 = 300$ kPa mit einer zugehörigen Dehnung von $\varepsilon_2 = 0.0133$. Somit beträgt der Steifemodul $E_s = (300 - 5)/0.0133 = 22180$ kPa. Die Querdehnzahl läßt sich über den kritischen Reibungswinkel $\phi_c = 30°$ angeben mit $\nu = (1 - \sin 30°)/(2 - \sin 30°) = 0.33$. Somit folgt der Elastizitätsmodul $E = E_s(1 - \frac{2\nu^2}{1-\nu}) = 14970$ kPa.

Die Stoffkonstanten für die Elementversuche lauten somit:

c	φ [°]	ψ [°]	E [kPa]	ν
0	38	13	14970	0.33

Ödometrische Kompression

Es wird ein Ödometerversuch von Karlsruher Sand bei einer Anfangslagerungsdichte mit einer Porenzahl $e_0 = 0.55$ durchgeführt von BAUER (1992) analysiert. Nach dem Aufbringen der Lastplatte wird die Axiallast auf 300 kN gesteigert. Danach erfolgt eine Entlastung der Probe unter kontinuierlicher Wegnahme der Axiallast.

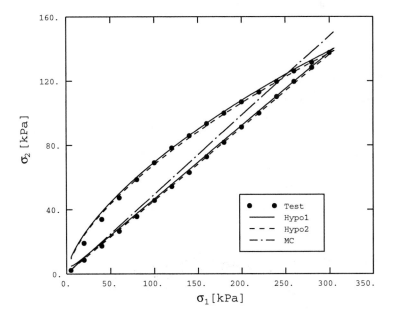

Abbildung 3.27: Spannungspfad des Ödometerversuches

Figure 3.27: Stress path of the oedometric test

Bei der Nachrechnung der Versuche wurde bewußt kein *Parameterfitting* betrieben. Es soll die Leistungsfähigkeit der Stoffgesetze gezeigt werden, wenn man mit den

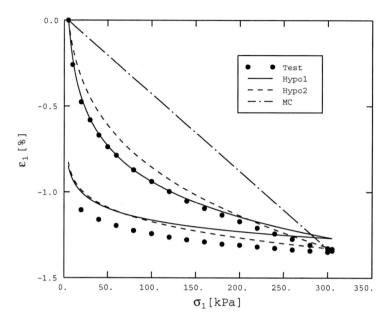

Abbildung 3.28: Spannungs- Dehnungskurve des Ödometerversuches

Figure 3.28: stress-strain curve of the oedometric test

vorher bestimmten Materialparametern Berechnungen durchgeführt. Auch werden für Triaxial- und Ödometerversuch dieselben Parameter verwendet.

In Abbildung (3.27) wird die Seitenspannung σ_2 der Axialspannung σ_1 gegenübergestellt. Bei Belastung gilt die Beziehung $\sigma_2 = K_0\sigma_1$, bei Entlastung baut sich σ_2 durch einen Verspannungseffekt langsamer ab als σ_1. Man erkennt deutlich, daß die hypoplastischen Stoffgesetze $\boxed{\text{Hypo1}}$ und $\boxed{\text{Hypo2}}$ sehr gut geeignet sind, das Kompressionsverhalten von Sanden wiederzugeben. Sowohl für Be- als auch Entlastung wird die Versuchskurve sehr gut wiedergegeben. Bei der Nachrechnung mit dem MC-Stoffgesetz ist erkennbar, daß die Querdehnzahl nach (3.72) leicht überschätzt wurde, was sich in einem größeren Verhältnis von $\sigma_2 : \sigma_1$ äußert. Da die Spannungsantworten durch eine ödometrische Belastung nie die Fließfläche verletzen, zeigt das Stoffgesetz $\boxed{\text{MC}}$ rein elastisches Verhalten. Der Spannungspfad ist somit für Be- und Entlastung gleich.

Abbildung (3.28) zeigt die Spannungs- Dehnungskurve des Ödometerversuches in der für Bodenmechaniker gewohnten Darstellung. Die Axialspannung σ_1 steigt überproportional mit wachsender axialer Stauchung ε_1. Bei Entlastung reagiert der Boden viel steifer als bei Erstbelastung, die Axialspannung geht schnell gegen Null. Das Stoffgesetz $\boxed{\text{Hypo1}}$ beschreibt die Stauchung bei kleinem Druckniveau sehr gut und liefert für höhere Drücke eine etwas zu steife Antwort. Bei Wegnahme der Last liegt die Kurve der Nachrechnung parallel zur Versuchskurve, d.h. der Versuch wird für Entlastung sehr genau beschrieben. Stoffgesetz $\boxed{\text{Hypo2}}$ liefert am Anfang der Belastung ein etwas steiferes Verhalten und trifft die Versuchskurve bei höheren Drücken besser. Bei Entlastung ist die Spannungsantwort etwas zu weich. Im großen und ganzen beschreiben die hypoplastischen Gleichungen das ödometrische Verhalten gut. Anders hingegen beim MC-Stoffgesetz: Hier wird durch das elastische Verhalten die ödometrische Beanspruchung nur sehr schlecht wiedergegeben. Durch die rein elastische Spannungsantwort auf die Belastung wird der Boden bei niederem Druckniveau zu steif und bei hohem Druckniveau zu weich beschrieben. Der Entlastungsast entspricht dem Belastungsast, das Verhalten des Bodens wird viel zu weich wiedergegeben.

Triaxiale Kompression

Der Triaxialversuch der Abbildungen (3.29) und (3.30) wurde von WU in Karlsruhe durchgeführt und der Arbeit von BAUER (1992) entnommen. Nach dem Einbau der Probe bei einer Anfangsporenzahl $e_0 = 0.55$ wurde zuerst die Konsolidierungsspannung $\sigma_c = 100$ kPa aufgebracht. Danach wurde die Axiallast bei gleichbleibendem Zelldruck bis zum Versagen der Probe gesteigert. Als Ergebnisse liegen die Spannungs- Dehnungskurve $((\sigma_2 - \sigma_1)/(\sigma_1 + \sigma_2) = \sin(\varphi_m)$ mit dem mobilisierten Reibungswinkel $\varphi_m)$ und die Kurve der volumetrischen Dehnung $\varepsilon_v = \varepsilon_1 + \varepsilon_2 + \varepsilon_3$ vor. Beide Größen werden über ε_1 aufgetragen.

Aus Abbildung (3.29) ist ersichtlich, daß sich der mobilisierte Reibungswinkel sehr schnell aufbaut und seinen maximalen Wert erst nach längerandauernder Belastung erreicht. Das Stoffgesetz $\boxed{\text{Hypo1}}$ ist anfänglich etwas zu weich und erreicht den Maxiamalwert sehr schnell. Ab diesem Zeitpunkt stellt sich Fließen ein und es kommt zu keinem weiteren Spannungszuwachs. Das Stoffgesetz $\boxed{\text{Hypo2}}$ liefert eine ähnliche Antwort, erreicht den Maximalwert jedoch später. Danach kommt es noch zu einem leichten Absinken des modifizierten Reibungswinkels, da die WOLFFERSDORFF'sche Stoffgleichung bestrebt ist, die Entfestigung des Stoffverhaltens zu beschreiben, was jedoch bei den Versuchen von WU (1992) erst ab einer Axialdehnung von ungefähr 8-9 % auftritt. Auch das elastisch-plastische Stoffgesetz $\boxed{\text{MC}}$ beschreibt das Versuchsverhalten gut. Nach einem Ansteigen der Spannungen wird die Fließgrenze erreicht, es kommt zum Fließen und die Spannungen bleiben konstant.

In Abbildung (3.30) wird das kontraktant-dilatante Verhalten der dicht gelagerten Bodenprobe bei triaxialer Belastung wiedergegeben. Nach einer anfänglichen Volumsverkleinerung (Kontraktanz) kommt es durch die Relativbewegung der Körner zueinander zu einer Volumsvergrößerung (Dilatanz). Bei Erreichen der kritischen Lagerungsdichte kommt es später zu stationärem Fließen, und das Volumen bleibt konstant (wird in diesem Versuch nicht erreicht). Die Stoffgleichung $\boxed{\text{Hypo1}}$ von WU beschreibt das Bodenverhalten sehr gut. Stoffgesetz $\boxed{\text{Hypo2}}$ nimmt das

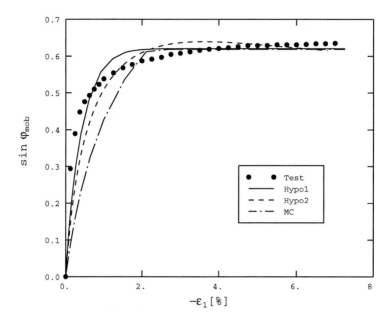

Abbildung 3.29: Spannung- Dehnungskurve des Triaxialversuches

Figure 3.29: Triaxial stress-strain curve

spätere stationäre Fließen des Bodens vorweg und zeigt bei höherer Belastung geringere Dilatanz als der Versuch. Das Stoffgesetz $\boxed{\text{MC}}$ überschätzt die Zusam-
mendrückung durch den anfänglichen linearen Ast. Nach dem Fließen erfolgt eine
Volumsvergrößerung, die dem realen Verhalten gut entspricht. Der elastische Bereich ist beim Stoffgesetz $\boxed{\text{MC}}$ zu groß. Demnach müßte man den Elastizitätsmodul für die Nachrechnung des Triaxialversuches höher ansetzen.

Abschliessend kann gesagt werden, daß sich die hypoplastischen Stoffgesetze sehr
gut für die Berechnung von triaxialer und ödometrischer Kompression eignen. Obwohl dieselben Parameter für beide Versuche verwendet wurden, konnte eine gute Übereinstimmung der Ergebnisse erreicht werden. Das MC-Stoffgesetz eignet
sich gut für die Berechnung von Versagenszuständen (Schubversagen) bei triaxialer
Kompression und überhaupt nicht für das Simulieren ödometrischer und isotroper
Kompression, da hier das linear-elastische Stoffgesetzverhalten dem nichtlinearen
Bodenverhalten gegenüber steht. Zudem müssten die Parameter für jeden Versuch
separat bestimmt werden.

3.4.2   Elastisches Streifenfundament
Elastic strip foundation

SCHLEGEL (1985) testete im Rahmen seiner Arbeiten einen auf Sand gebetteten

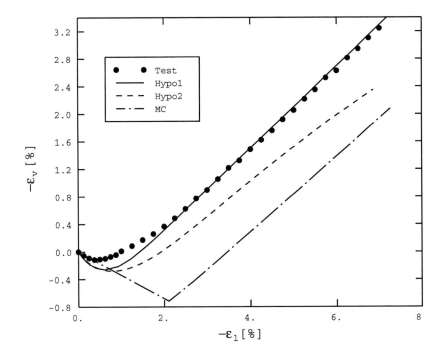

Abbildung 3.30: Volumetrische Dehnung beim Triaxialversuch

Figure 3.30: Triaxial volumetric strain

elastischen Aluminiumbalken unter Einzellasten. Die Versuchsgeometrie ist in Bild 3.31 dargestellt.

Die Abmessungen des Balkens sind $1025 \times 59 \times 38$ mm. Der Sand wurde durch eine Rieselvorrichtung in ein Rohr mit einem Durchmesser von ca. 2 m eingebracht. Die Kräfte werden in der Mitte und an den Rändern des Balkens aufgebracht. Die Geometrie bleibt über die verschiedenen Versuche konstant, lediglich das Verhältnis der Kräfte F1:F2 wird variiert.

Im Folgenden wird der Versuch mit der Nummer 3 untersucht. Hierbei verteilen sich die Kräfte $F_1 : F_2$ im Verhältnis 0.2 : 0.6. Das entspricht in etwa der Lastverteilung auf ein Streifenfundament mit einem über den Stützen durchlaufenden Oberbau. In Anhang A werden die von Schlegel angegebenen Versuchsdaten dargestellt.

Balken   Aluminium, $59 \times 38 \times 1025 mm$
                $E = 75.7 \cdot 10^6$ kPa

Boden   Durchmesser 2 m, Höhe 1 m
                Karlsruher Sand
                mittlere bis hohe Dichte (genaue Angaben fehlen)

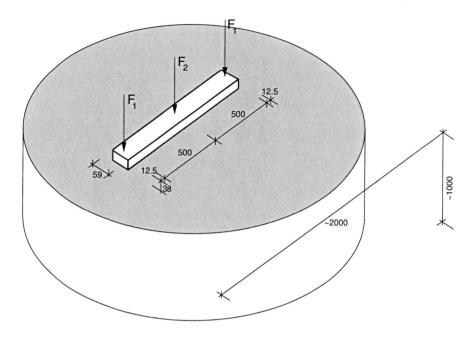

Abbildung 3.31: Versuchsanordnung, Maße in [mm].
Figure 3.31: Test layout, dimensions [mm].

Diskretisierung

Zuerst wurde das gesamte Randwertproblem durch ein grobes Netz diskretisiert. Aufgrund der Symmetrie der Belastung und der Geometrie wird die Berechnung am Viertelsystem durchgeführt. In Abbildung 3.32 ist das grobe Netz, bestehend aus 456 isoparametrischen Quaderelementen und 10 Schalenelementen dargestellt. In den Abbildungen 3.34 und 3.35 sieht man die Verteilung der vertikalen Spannungen und der maximalen Verzerrungen. An diesen Ergebnissen erkennt man das rasche Abklingen der Beanspruchungen mit zunehmender Entfernung vom Fundament. Bei den Biegemomenten des Balkens liefert das grobe Netz jedoch zu ungenaue Ergebnisse. Aufgrund der großen Momentengradiente im Bereich der Krafteinleitungen muß das Netz dort verfeinert werden. Aus diesem Grund wurde ein zweites Netz (Abb. 3.33) generiert, das nur mehr einen Ausschnitt des Problems beschreibt. Die Breite des feinen Netzes beträgt das Zweieinhalbfache und die Tiefe das Fünffache der Breite des Fundamentes. Dieses Netz besteht aus 848 Quaderelementen und 60 Schalenelementen. Für das vorliegende Randwertproblem wurden von SINGER (1998) Berechnungen und Parameterstudien durchgeführt. Auf eine weitere Verfeinerung des Netzes kann demnach verzichtet werden.

Bei beiden Netzen wurden die Schalenelemente direkt mit den Quaderelementen gekoppelt, die Mittelfläche der Schalenelemente wurde um die halbe Balkenhöhe nach

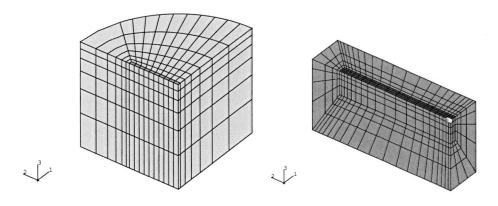

Abbildung 3.32: grobes Netz

Figure 3.32: Coarse mesh

Abbildung 3.33: feines Netz

Figure 3.33: Fine mesh

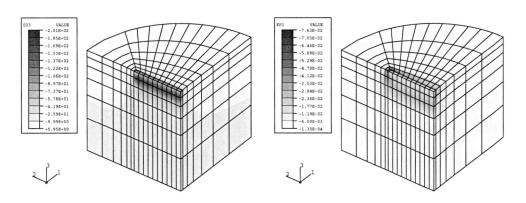

Abbildung 3.34: Vertikalspannungen σ_{33}

Figure 3.34: Vertical stresses σ_{33}

Abbildung 3.35: Maximale Verzerrungen

Figure 3.35: Principal strains

oben versetzt. Bei den Versuchen von SCHLEGEL (1985) hatte die Reibung zwischen Balken und Sand keinen Einfluss auf die Ergebnisse, was auch in den Berechnungen von SINGER (1998) bestätigt wurde. Deshalb wird die Reibung an der Kontaktfläche zwischen Balken und Boden vernachlässigt, und die Knotenverformungen der Schalenelemente und der Quaderelemente werden miteinander gekoppelt.

Grobes Netz	456	C3D20	20-knotiges 3D Quaderelement mit
			quadratischem isoparametrischem Ansatz
	10	S8R	8-knotiges Schalenelement,
			reduzierte Integration
	2413	Knoten	
	7374	DOF	Freiheitsgrade
Feines Netz	848	C3D20	s.o.
	60	S8R	s.o.
	4253	Knoten	
	13386	DOF	

Belastung

Die Belastung wird in folgenden Schritten aufgebracht:

step1	Geostatischer Schritt,	$\gamma_d = 1715$	kN/m^3
	Eigengewicht des Bodens		
step2	Eigengewicht des Balkens	$\gamma_b = 27.00$	kN/m^3
step3	25% der Einzellasten	$\sum F = 1.73$	kN
step4	50% der Einzellasten	$\sum F = 3.45$	kN
step5	75% der Einzellasten	$\sum F = 5.18$	kN
step6	100% der Einzellasten	$\sum F = 6.90$	kN

Die Belastung muß in Teilschritten aufgebracht werden, um den Datenumfang der Ausgabe zu reduzieren. Bei den Versuchen von Schlegel wird die Belastung bis zum Grundbruch gesteigert. Das bedeutet, dass es im Boden zu Lokalisierungen in Form von Scherfugen kommt. Die Ergebnisse des Randwertproblems werden durch die Ausbildung von Scherfugen netzabhängig und man muß zu sogenannten Regularisierungsmethoden greifen. Dazu gehört die *nichtlokale Formulierung*, bei der über ein Gradientenmodell Information aus den benachbarten Integrationspunkten einbezogen wird. Eine andere Möglichkeit zur Behandlung von Lokalisierungen stellt die Behandlung über einen erweiterten Stoffansatz durch ein *Cosserat Kontinuum* dar. Hierbei werden nicht nur die translatorischen, sondern auch die rotatorischen Freiheitsgrade in die Berechnung der Stoffgleichungen aufgenommen. Als dritte Methode bietet sich die Verwendung einer *internen Länge* an. Dabei wird ein Parameter in die Stoffgleichung aufgenommen, der eine charakteristische Stoffeigenschaft (Korndurchmesser, Bruchenergie) auf die Elementsabmessung bezieht. Alle diese Theorien sind gegenständlich Stand der Forschung und werden noch kaum für dreidimensionale Berechnungen angewandt. Einen umfangreichen Überblick über diese

Methoden zur Regularisierung bieten die Beiträge von DE BORST, DESRUES UND
VARDOULAKIS in CHAMBON (1996).

Im Hinblick auf das Ziel dieser Arbeit, das Verhalten von Plattenfundamenten zu untersuchen, kann jedoch auf die Behandlung von Lokalisierungen verzichtet werden,
da das Grundbruchproblem bei Flachgründungen von untergeordneter Bedeutung
ist. Für die Berechnung des Streifenfundamentes bedeutet das jedoch, daß die Re-
sultate der FE-Berechnung mit Vorsicht interpretiert werden müssen, je näher man
zum Grundbruch kommt.

Ausgangszustand

Aus den Angaben von Schlegel waren die Anfangsrandbedingungen nur schwer
nachzuvollziehen. Schlegel gibt in seiner Arbeit keine absoluten Größen für Dichte
und Belastung an, da er seine Ergebnisse dimensionslos darstellt. Die Randbedingungen konnten auch nach einer Anfrage beim Autor nicht restlos geklärt werden.

Die durch das Einrieseln des Sandes erreichte Lagerungsdichte wird von Schlegel
nicht angegeben, kann aber aus den Angaben von WERNICK (1978) nachvollzogen
werden. Demnach wird eine relative Lagerungsdichte D_r von 0.9 bis 1.1 erzielt.
Die Porenzahl liegt somit im Bereich der dichtesten Lagerung und wird mit $e_0 =
0.55$ angenommen. Die Kornwichte liegt für Karlsruher Sand bei $\gamma_s = 26.6$ kN/m^3.
Daraus ergibt sich die Trockenwichte:

$$\gamma_d = \frac{\gamma_s}{1 + e_0} = 17.15 \text{ kN/m}^3 .$$

Der Erdruhedruckbeiwert K_0 kann aus dem Stoffgesetz für ödometrische Beanspruchung berechnet werden. HÜGEL (1996) hat gezeigt, daß für die verwendeten Sande
die Formel von JAKY eine gute Näherung darstellt:

$$K_0 = 1. - \sin \phi_c = 1. - \sin 30. = 0.5 .$$

Somit kann für die Berechnung ein sogenanntes K_0-Spannungsfeld angesetzt werden. Die Horizontalspannung σ_z ergibt sich aus dem Überlagerungsdruck, die Hori-
zontalspannungen $\sigma_x = \sigma_y$ betragen das K_0-fache der Vertikalspannung:

$$\begin{aligned}
\sigma_z(z) &= \int_0^z \gamma_d \, dz \\
\sigma_x(z) &= K_0 \sigma_z \\
\sigma_y(z) &= \sigma_x
\end{aligned}$$

Da die Überlagerungshöhe beim Versuchsaufbau sehr gering ist, wird K_0 konstant
über die Höhe angenommen.

An der freien Oberfläche werden die Spannungen zu Null. Daraus folgt für die hypoplastischen Stoffgesetze, daß damit die Steifigkeit verschwindet und es zu numerischen Problemen kommen kann. Zum einen wird für tr $\sigma \to 0$ die Anzahl der Unterschritte bei der Zeitintegration erhöht. Andererseits hat es sich auch bewährt, eine geringe Kapillarkohäsion im Oberflächenbereich aufzubringen. Diese wird durch eine isotrope innere Spannung simuliert und für die obersten 5 cm mit 1 kPa angesetzt.

Materialparameter

Da Schlegel keine genauen Werte für den verwendeten Sand angibt, werden für die beiden hypoplastischen Stoffgesetze die Materialparameter für Karlsruher Sand von Abschnitt 3.4.1 verwendet. Sie lauten für Stoffgesetz $\boxed{\text{Hypo1}}$:

Porenzahl	C_1	C_2	C_3	C_4
$e_0 = 0.55$	-110.15	-963.73	-877.19	1226.2

Für das Stoffgesetz $\boxed{\text{Hypo2}}$ werden folgende Parameter verwendet:

$\phi_c [°]$	$h_s [\text{MN/m}^2]$	n	e_{i0}	e_{c0}	e_{d0}	α	β
30	5800	0.28	0.53	0.84	1.00	0.13	1.05

Stoffgesetz $\boxed{\text{MC}}$:

Für die Berechnung des Streifenfundamentes müssen ν und E erneut bestimmt werden. Die Anfangsspannung $\sigma_1 = 2$ kPa entspricht der mittleren Bodenpressung unter dem Fundament nach Aufbringen der Eigenlast. Als Endspannung wird die mittlere Bodenpressung nach Aufbringen der gesamten Belastung mit $\sigma_2 = 114.16$ kPa angesetzt. Die dem entsprechende Verzerrung $\varepsilon_2 = 0.0095$. Somit beträgt $E = (114.15 - 2)/0.0095 \, (1 - \frac{2 \cdot 0.33^2}{0.67}) = 7968$ kPa.

Die Stoffkonstanten für den Fundamentversuch lauten:

c	$\varphi [°]$	$\psi [°]$	$E [\text{kPa}]$	ν
0	38	13	7968	0.33

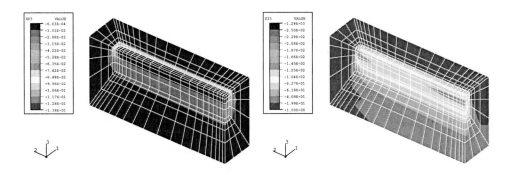

Abbildung 3.36: Maximale Hauptdehnungen   Abbildung 3.37: Vertikalspannungen
Figure 3.36: Maximum principal strains   *Figure 3.37: Vertical Stresses*

Berechnungsergebnisse

Bild (3.36) zeigt die maximalen Hauptdehnungen nach dem letzten Belastungs-schritt. Man erkennt deutlich, daß sich neben dem Streifenfundament vertikale Scher-fugen ausbilden, die schließlich zum Grundbruch und somit zum Versagen der Struk-tur führen. In Abbildung (3.37) werden die vertikalen Spannungen dargestellt.

Im folgenden werden die Berechnungsergebnisse den Versuchsdaten gegenüberge-stellt. Da das der Berechnung zugrunde liegende FE-Netz nur den oberen Teil der Versuchsanordnung diskretisiert, mussten die Setzungen der darunterliegenden Bo-denschichten berücksichtigt werden. Zu den berechneten Durchbiegungen wurden deshalb noch jene des groben Netzes in 0.3 m Tiefe addiert.

Stoffgesetz $\boxed{\textbf{Hypo1}}$ **:** Abbildung 3.38 zeigt die Biegemomentenverteilung des Balkens bei 25% (strich - punktiert), 50% (strichliert), 75% (punktiert) und 100 % (ausgezogen) der Belastung. Die durchgezogenen Linien geben die Berechnungser-gebnisse wieder, die Punkte die Meßwerte der Arbeit von SCHLEGEL (1985). Die positiven Momente werden wie in der Baustatik üblich nach unten aufgetragen, a beschreibt den Abstand von der Mitte.

Die Biegemomente werden gut wiedergegeben, die Feldmomente entsprechen den gemessenen Werten sehr gut. Die Stützmomente der Berechnung liegen zu hoch, die Übereinstimmung mit den Versuchsergebnissen verschlechtert sich mit zuneh-mendem Lastniveau. Das lässt vermuten, dass die Mittenabsenkung relativ zur Ran-dabsenkung zu groß ist. Bei größerer Lastintensität kommt es zum Grundbruch und somit zu Lokalisierungen, die das ARWP netzabhängig machen. Da keine Regula-risierungsmethoden zur Anwendung kommen, muss daher das Rechenergebnis mit

Vorsicht betrachtet werden. Das Grundbruchverhalten wird jedoch tendenziell richtig wiedergegeben.

In Abbildung 3.39 werden die Durchbiegungen des Balkens wiedergegeben. Auffallend ist, dass die berechneten Durchbiegungen für geringes Lastniveau viel zu groß sind. Mit zunehmender Belastung sind die Verformungsänderungen pro Lastschritt in etwa gleich wie bei den Versuchswerten. Die Gesamtsetzungen sind mit ca. 6 mm doppelt so groß wie die gemessenen. Die Relativsetzungen der einzelnen Balkenpunkte werden jedoch, wie man an der Momentenlinie erkennen kann, realistisch wiedergegeben.

Zu den Versuchswerten muss gesagt werden, dass die Biegelinie oft nicht mit der Momentenlinie übereinstimmt. Bei anderen von SCHLEGEL (1985) durchgeführten Versuchen (Nr. 1, 6, 7, 10, 12, 15) ändert sich die Krümmung der Biegelinie ohne dass sich das Vorzeichen der Momentenzustandslinie ändert, die Bedingung:

$$w'' = -\frac{M_y}{EI} \tag{3.85}$$

wird somit verletzt. Das bedeutet, dass die Mittendurchbiegung immer kleiner sein muss als in den Versuchen gemessen wurde. Das lässt sich auch an der FE-Simulation ablesen.

Aus der Beobachtung, dass die berechneten Stützmomente gegenüber den gemessenen Werten zu groß sind, und die Mittenabsenkung jedoch kleiner sein muss als bei den Versuchswerten angegeben, folgt jedoch auch, dass die gemessenen Stützmomente mit Vorsicht zu betrachten sind.

Stoffgesetz $\boxed{\text{Hypo2}}$ **:** Das Stoffgesetz von V.WOLFFERSDORFF liefert ähnliche Ergebnisse wie das Stoffgesetz von WU. Auch hier ist das Ergebnis bei den Biegemomenten (Abbildung 3.40) zufriedenstellend. Bei den Verschiebungen (Abb. 3.41) gilt ebenfalls, dass die Gesamtverschiebungen zu groß sind, wenn auch besser als beim Stoffgesetz $\boxed{\text{Hypo1}}$. Ab etwa 50% der Last entsprechen die Setzungsänderungen jenen des Versuches, d.h. im Grenzzustand kommt es zu einer realistischen Wiedergabe der auftretenden Spannungs-Dehnungs-Beziehungen.

Stoffgesetz $\boxed{\text{MC}}$ **:** Die Berechnung mit dem MC-Fließkriterium liefert ebenfalls eine realistische Wiedergabe der Biegemomenten-Zustandslinie (Abb. 3.42). Lediglich die Feldmomente werden etwas schlechter getroffen wie bei den hypoplastischen Stoffgesetzen. Die Zuwächse der Momente sind in etwa proportional zur Belastungssteigerung, während bei den Versuchsdaten mit zunehmender Belastung eine stärkere Umlagerung der Momente in den Feldbereich zu beobachten ist.

Die vertikalen Balkenverformungen der FE-Simulation (Abb. 3.43) geben die Versuchswerte sehr gut wieder. Die durchschnittlichen Gesamtsetzungen werden in der Berechnung erreicht. Bei der Betrachtung der Biegelinie und der guten Übereinstimmung bei den Momenten muß man wieder an der Richtigkeit der gemessenen Verformungen zweifeln.

Elastische Lösung :   Da die einzelnen Berechnungen fast einen identischen Momentenverlauf zeigen, drängt sich die Vermutung auf, dass der Einfluss des Bodenstoffgesetzes auf die Ergebnisse irrelevant sein könnte. Aus diesem Grund wurde noch eine Kontrollrechnung mit den elastischen HOOKE'schen Beziehungen $\sigma =$ C ϵ durchgeführt. Diese elastische Berechnung ist somit eine Überführung des AR-WP in die klassische Lösung des elastischen Halbraumes, was einer Berechnung mit dem Steifemodulverfahren entspricht.

Abbildung 3.44 zeigt den Vergleich der Biegemomente M_y bei 100% der Belastung. Es ergibt sich bei der elastischen Lösung eine klare Abweichung der Ergebnisse von den Versuchsergebnissen, wenngleich der Unterschied kleiner ausfällt als erwartet.

Vergleich der Stoffgesetze: In den folgenden Tabellen werden die Zahlenwerte der Feldmomente bei $a = \pm 0.3$ m bei 50% und 100% der Belastung miteinander verglichen.

Feldmoment		Versuch	Hypo1	Hypo2	MC	elastisch
50%	[kNm]	-0.06	-0.058	-0.057	-0.056	-0.051
	%	-	3.3	5.7	8.3	15.8
100%	[kNm]	-0.125	-0.122	-0.118	-0.115	-0.101
	%	-	2.4	5.6	8.0	19.2

In der mit % bezeichneten Zeile werden die Abweichungen vom Versuchswert in Prozent angegeben. Es ist deutlich zu erkennen, dass die Feldmomente von den hypoplastischen Stoffgesetzen recht gut getroffen werden, während das elasto-plastische Stoffgesetz schon etwas mehr abweicht. Die größte Abweichung von den Messwerten weist die Berechnung mit dem elastischen Stoffgesetz auf.

Stützmoment		Versuch	Hypo1	Hypo2	MC	elastisch
50%	[kNm]	0.092	0.1185	0.122	0.124	0.130
	%	-	28.8	32.6	34.78	41.3
100%	[kNm]	0.154	0.224	0.234	0.245	0.260
	%	-	45.5	51.9	59.1	72.2

Beim Stützmoment schaut die Bilanz leider etwas traurig aus. Ich stelle jedoch die Behauptung in den Raum, dass die Messung der Stützmomente fehlerhaft sein dürfte, da das lokale Maximum des Biegemomentes messtechnisch schwer erfassbar ist. Vergleicht man auch noch die von SCHLEGEL (1985) gemessenen Momente mit dem Verlauf der Biegelinie des Versuchsbalkens (siehe auch Anhang A), so müssten die Stützmomente um einiges höher liegen!

Beurteilung   Abschliessend kann gesagt werden, dass die Momentenverteilung des elastischen Fundamentbalkens über eine FE-Berechnung mit allen drei Stoffgesetzen gut getroffen wurde. Zieht man die Imponderabilien der Versuchsdarstellung und der Versuchsauswertung in Betracht, so muss man sogar von einem sehr guten Ergebnis sprechen.

Was die Durchbiegungen anbelangt, so weisen die hypoplastischen Stoffgesetze eine gewisse Schwäche bei niederem Druckniveau auf. Die Gesamtsetzungen sind zu gross, die Relativsetzungen sind jedoch stimmig, was sich an der Richtigkeit der Biegelinien über die Korrelation mit der Momenten-Krümmungsbeziehung nachweisen lässt. Das Problem der Anfangssteifigkeit ist derzeit noch Gegenstand der Forschung und man wird hoffentlich bald mit verbesserten Gleichungen aufwarten können.

Ich möchte an dieser Stelle noch einmal darauf hinweisen, dass die Parameter der einzelnen Stoffgesetze *vor* den Fundamentberechnungen festgelegt wurden. Es wäre natürlich ein leichtes, die Berechnungsergebnisse den Versuchsdaten mit einem nachträglich geänderten Parametersatz anzupassen.

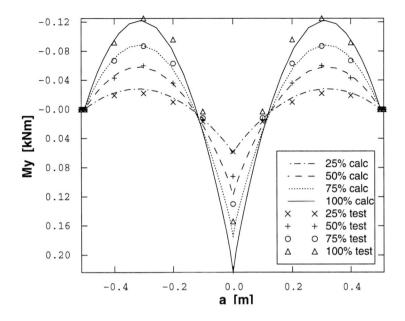

Abbildung 3.38: Biegemomente des Aluminiumbalkens, Hypo1

Figure 3.38: Bending moments of the beam, Hypo1

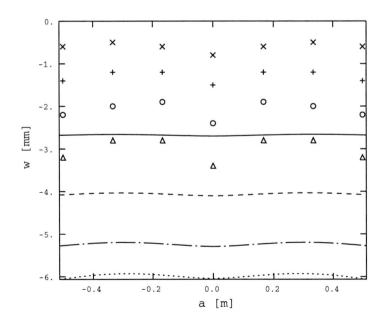

Abbildung 3.39: Vertikale Verschiebungen des Aluminiumbalkens, Hypo1

Figure 3.39: Settlement of the beam, Hypo1

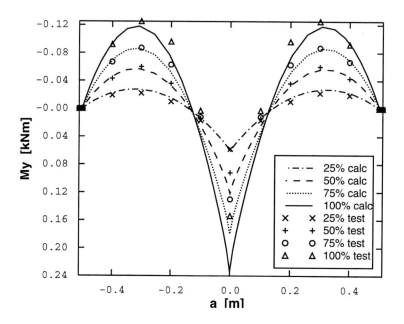

Abbildung 3.40: Biegemomente des Aluminiumbalkens, Hypo2

Figure 3.40: Bending moments of the beam, Hypo2

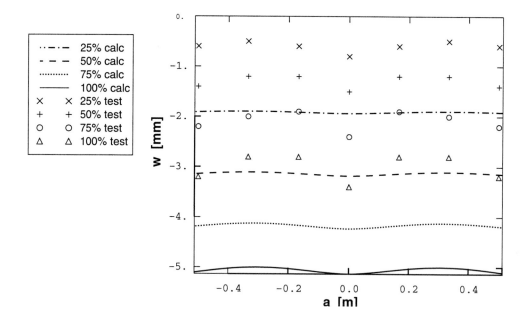

Abbildung 3.41: Vertikale Verschiebungen des Aluminiumbalkens, Hypo2

Figure 3.41: Settlement of the beam, Hypo2

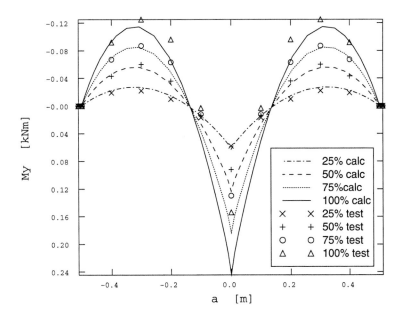

Abbildung 3.42: Biegemomente des Aluminiumbalkens, ⟨MC⟩

Figure 3.42: Bending moments of the beam, ⟨MC⟩

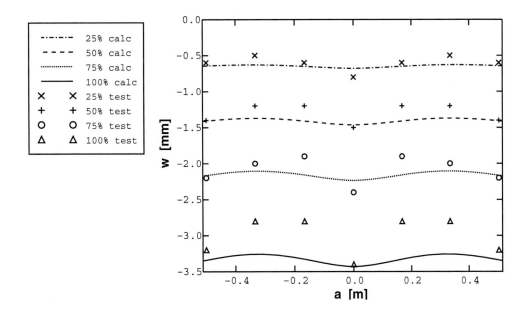

Abbildung 3.43: Vertikale Verschiebungen des Aluminiumbalkens, ⟨MC⟩

Figure 3.43: Settlements of the beam, ⟨MC⟩

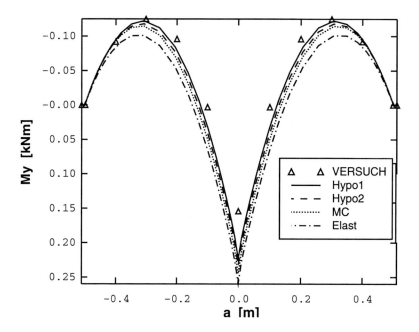

Abbildung 3.44: Vergleich der Biegemomente mit der elastischen Lösung

Figure 3.44: Bending moments of the beam: Comparison of the elastic and the nonlinear solutions

Kapitel 4

Beton und Stahlbeton
Plain and Reinforced Concrete

4.1 Materialverhalten, physikalischer Hintergrund, Klassifizierung
Material behaviour, physical background and classification

4.1.1 Beton
Concrete

Zur Beschreibung des Betonverhaltens bieten sich mikroskopische, mesoskopische und makroskopische Modelle an. Die mikroskopische Betrachtung von Beton ist wohl eher für den Betontechnologen interessant, während die mesoskopische Betrachtungsweise einen guten Einblick in das nichtlineare Verhalten des Werkstoffes gibt. Hier bildet die ausgehärtete Zementpaste die viskoelastische Matrix, in die die Zuschlagstoffe eingebettet sind, die meist eine höhere Festigkeit und linear elastisches Verhalten aufweisen. Das Verhalten des Betons hängt von der internen Spannungsverteilung im Aggregat, von der Interaktion zwischen Matrix und Zuschlagstoff und vom zeitabhängigen Verhalten der Matrix (Rissebildung beim Abbinden) ab.

Die in der Strukturmechanik anwendbaren Betonmodelle sind makroskopische Modelle. Hier werden die heterogenen Eigenschaften des Betons über das betrachtete Kontinuumselement gemittelt, das physikalische Verhalten mündet in eine phänomenologische Betrachtung.

Einaxiales Verhalten

Bei der experimentellen Untersuchung einaxialer Beanspruchungen von Beton können zwei Versagensmechanismen beobachtet werden, die sich beide durch die Bildung von Rissen im Material beschreiben lassen. Die Entstehung von Makrorissen geht immer von feinsten Mikrorissen aus, die beim Abbinden des Betons infolge Hydratation und Schwindens entstehen. Diese Mikrorisse sind einerseits im Zement-mörtel und andererseits an der Verbindung von Zementmatrix und Zuschlagstoff zu finden.

Bei einaxialer Druckbelastung zeigt der Beton ein linear-elastisches Tragverhalten bis ca. 30% der maximalen Druckfestigkeit f_{cm} (Punkt A in Abb. 4.1). Dann entstehen bis zu einer Beanspruchung von ungefähr 70% von f_{cm} Verbundrisse zwischen Zementmatrix und Zuschlagkörnern (Punkt B). Kurz vor Erreichen der maximalen Druckfestigkeit kommt es im Bereich C bis D zur größten Volumsdehnung, es bilden sich Rissbänder, die zu einer starken Auflockerung der Probe führen. Nach Überschreiten der maximalen Druckfestigkeit kommt es durch die Lokalisierung der Verzerrungen in den Rissbändern zur Ausbildung von Makrorissen und zu einem Entfestigen des Materials (*crushing*).

Die einaxiale Druckfestigkeit wird in Kompressionsversuchen an Betonzylindern mit einem Durchmesser von 150 mm und einer Höhe von 300 mm ermittelt, siehe auch CEB-FIP model code (1990). Als charakteristischer Wert wird der 5% Fraktilwert f_{ck} der Druckfestigkeit bestimmt. Für die Berechnung und die Abschätzung anderer Betoneigenschaften wird die mittlere Druckfestigkeit f_{cm} benötigt, die sich nach CEB-FIP model code (1990) bestimmen lässt mit:

$$f_{cm} = f_{ck} + 8 \quad [\,\text{MN/m}^2\,]\,. \tag{4.1}$$

Um der Vorzeichenkonvention - Druck ist negativ - gerecht zu werden, wird in dieser Arbeit die Druckfestigkeit als negativer Wert verwendet. Das anfänglich elastische Verhalten von Beton wird mit dem Elastizitätsmodul E_c und der Querdehnzahl ν bestimmt, wobei:

$$E_c = 10^4 f_{cm}^{1/3} \quad [\,\text{MN/m}^2\,] \tag{4.2}$$

nach CEB-FIP model code (1990). Die Querdehnzahl bewegt sich in einem Bereich von 0.1 bis 0.2 und wird in dieser Arbeit mit $\nu = 0.15$ angenommen.

Bei einer einaxialen Zugbeanspruchung verhält sich der Beton beinahe linear bis kurz vor Erreichen der maximalen Zugfestigkeit f_{ct} (Punkt I in Abb. 4.1). Dann bildet sich ausgehend von den Mikrorissen ein Rissband (WITTMANN (1983)), in dem sich die Dehnungen lokalisieren (Punkt II). Bei weiterer Beanspruchung entsteht dann ein Makroriss (Punkt III, *cracking*), womit ein Absinken der äußeren Last verbunden ist (HORDIJK (1991)). Beim Absinken der Last spricht man von Zugent-festigung oder *tension softening*. Auch nach dem Reißen der Probe können durch Verzahnungseffekte der Zuschlagstoffe noch minimale Kräfte übertragen werden, die Zugfestigkeit sinkt nicht sofort auf Null, sondern in etwa exponentiell.

Die mittlere Zugfestigkeit f_{ctm} lässt sich nach CEB-FIP model code (1990) abschätzen mit:

$$f_{ctm} = 0.30 f_{ck}^{2/3} \quad [\,\text{MN/m}^2\,]\,. \tag{4.3}$$

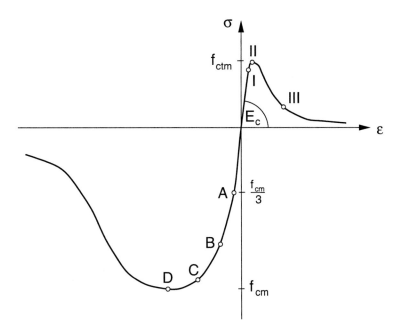

Abbildung 4.1: Einaxiales Betonverhalten: Spannungs-Dehnungslinie

Figure 4.1: Uniaxial behaviour of concrete: stress-strain curve

Zweiaxiales Verhalten

Die wohl bisher am meisten zitierte Arbeit zum zweiaxialen Verhalten von Beton ist jene von KUPFER (1969). Diese Versuchsergebnisse wurden durch zahlreiche Autoren bestätigt, siehe auch NELISSEN (1972), LIU et al. (1971) und TASUJI et al. (1978). KUPFER untersuchte das Betonversagen mittels Biaxialversuchen für verschiedene Hauptspannungsverhältnisse σ_1/σ_2 (Abb. 4.2). Demnach erreicht die Druckfestigkeit bei einem Hauptspannungsverhältnis von $\sigma_1/\sigma_2 = 0.5$ ihren Maximalwert mit ungefähr $1.3 \cdot f_{cm}$, und bei $\sigma_1/\sigma_2 = 1.0$ beträgt die Druckfestigkeit in etwa $1.16 \cdot f_{cm}$.

Im Zug-Zug Bereich ist auffallend, dass die Zugfestigkeit unabhängig von der Seitenzugspannung erreicht wird. Das bedeutet, dass orthogonal zu einem bestehenden Riss noch die volle Zugfestigkeit vorhanden ist. Im Zug-Druck Bereich sinkt die Zugfestigkeit des Materials mit zunehmendem Seitendruck. Die Versagenskurve wird unabhängig von der Belastungsgeschichte erreicht. Das ist ein Indiz dafür, dass sowohl für das Druck- als auch das Zugversagen dieselben Schädigungsmechanismen verantwortlich sind (VONK (1992)).

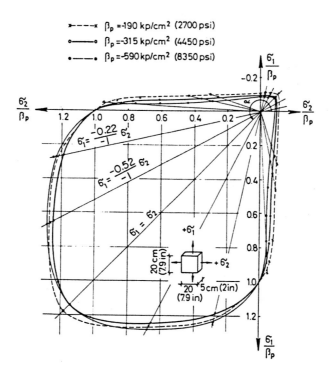

Abbildung 4.2: biaxiale Betonversagenkurve aus KUPFER (1969)

Figure 4.2: Biaxial failure curve (KUPFER, 1969)

Dreiaxiales Verhalten

Analog zur Versagenskurve im ebenen Fall gibt es für dreiaxiale Spannungszustände eine Versagensfläche, die sich im Hauptspannungsraum darstellen lässt (Abb. 4.3). Abhängig vom hydrostatischen Druck reicht das Betonverhalten von quasi-duktil (allseitiger Druck) bis quasi-spröde (allseitiger Zug). Da es kaum Untersuchungen zu allseitiger Zugbeanspruchung gibt, wird davon ausgegangen, dass die Zugfestigkeit in allen Richtungen - analog zum zweiaxialen Fall - unabhängig von den Seitenspannungen erreicht wird.

4.1.2 Bewehrungsstahl
Reinforcing steel

Heute werden in der Bewehrungspraxis üblicherweise Bewehrungsstäbe und -matten aus kaltverformtem Rippenstahl verwendet. Als Bezugsgrößen werden die Fließspannung (oder auch Streckgrenze) f_y, die Zugfestigkeit f_t und die Verzerrung ε_u bei Maximallast verwendet. Wenn sich kein ausgeprägtes Fließplateau bildet, wird

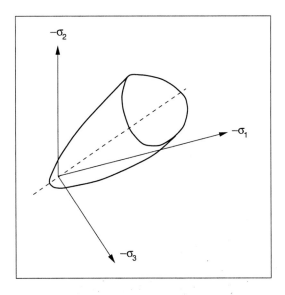

Abbildung 4.3: Triaxiale Versagensfläche von Beton

Figure 4.3: Triaxial failure surface of concrete

die Fließspannung f_y mit jener Spannung gleichgesetzt, die der Stahl bei einer Dehnung von 0.2 % aufweist.

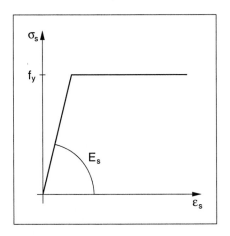

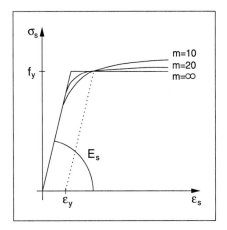

Abbildung 4.4: idealisierte Stahlkennlinie

Figure 4.4: Idealized stress-strain relationship of reinforcing steel

Abbildung 4.5: Spannungs-Dehnungslinie für Stahl nach DILGER (1966)

Figure 4.5: Stress-strain relationship according to DILGER (1966)

Meist wird eine idealisierte Spannungs-Dehnungslinie für Berechnungen angesetzt (Abb. 4.4). Hierbei weist der Stahl nach Erreichen der Fließgrenze jedoch keine inkrementelle Steifigkeit mehr auf, was zu Problemen bei numerischen Berechnungen führt. Aus diesem Grund wird in dieser Arbeit die Stahlkennlinie nach dem Exponentialansatz von DILGER (1966) verwendet:

$$\varepsilon_s = \frac{\sigma_s}{E_s} + \varepsilon_y \left(\frac{\sigma_s}{f_y}\right)^m .$$ (4.4)

In (4.4) sind ε_y die Fließdehnung (oder $\varepsilon_{0.2\%}$) und E_s der Elastizitätsmodul des Stahls. Der Exponent m beschreibt das Verfestigungsverhalten des Stahls. Im Grenzfall $m \to \infty$ wird ein bilinearer Verlauf der Stahlkennlinie wie in (4.4) erzielt. Normalerweise bewegt sich der Wert für m zwischen 10 und 60. Abbildung 4.5 zeigt die Spannungs-Dehnungslinie von Stahl für verschiedene m.

Für Tragwerke aus Stahlbeton ist noch die Duktilität des Stahls von großer Bedeutung. Im gerissenen Zustand (Zustand II) kommt es zu einer gegenseitigen Rotation der Rissufer und demzufolge zum Fließen des Bewehrungsstahls. Um die Rotationsfähigkeit des Querschnittes zu gewährleisten, hat der Stahl eine ausreichende Duktilität aufzuweisen. Nach EC2 (1992) wird zwischen zwei Duktilitätsklassen unterschieden:

- hochduktil, wenn $\varepsilon_{uk} > 5\%$ und $(f_t/f_y)_k > 1.08$

- normalduktil, wenn $\varepsilon_{uk} > 2.5\%$ und $(f_t/f_y)_k > 1.05$,

der Index k steht für die jeweiligen charakteristischen Werte.

4.1.3   Stahlbeton
Reinforced concrete

Das einaxiale Druckverhalten von Stahlbeton entspricht demjenigen des Betons. Bei einaxialem Zug wird das Verhalten des Stahlbetons auch maßgeblich vom Reißen des Betons beeinflusst. Ein charakteristisches Kraft-Verschiebungsdiagramm für einen Zugversuch zeigt Abbildung 4.6.

Bei Zugspannungen im Stab, die kleiner als die Betonzugfestigkeit sind, liegt starrer Verbund vor und die Zugspannungen sind sowohl im Beton als auch im Stahl gleich verteilt. Bei Überschreiten der Zugfestigkeit bildet sich an der schwächsten Stelle im Beton ein Riss aus (Primärriss). Dort werden die Betonspannungen zu Null reduziert, während die Stahlspannungen sprunghaft ansteigen. Mit zunehmender Entfernung vom Riss nehmen die Stahlspannungen wieder ab und die Zugkräfte werden über Verbundwirkung wieder teilweise in den Beton eingeleitet. Bei Laststeigerung bilden sich weitere Risse im Beton , bis ein stabiles, abgeschlossenes Rissbild entsteht. Die Steifigkeit des Stahlbetonzugstabes wird gegenüber jener des Bewehrungsstabes

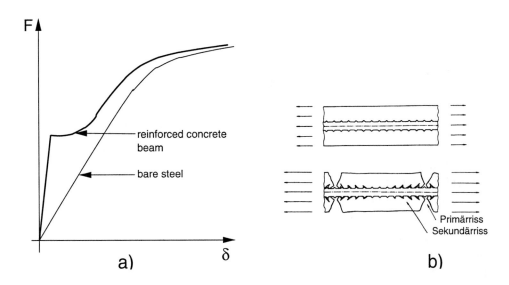

Abbildung 4.6: Einaxiales Zugverhalten eines Stahlbetonstabes: a) Kraft-Verschiebungs-Diagramm, b) Rissbild (HOFSTETTER und MANG (1995))
Figure 4.6: Uniaxial tensile behaviour of a concrete bar: a) load-deflection curve, b) cracked specimen (HOFSTETTER und MANG, 1995)

durch die Steifigkeit des Betons erhöht. Diese Steifigkeitserhöhung wird Zugverstei-fung und in der Literatur und den Normen mit *tension stiffening* bezeichnet und in weiterer Folge mit TS abgekürzt. Es gibt zahlreiche Ansätze, das TS zu beschreiben, sie werden später bei der Behandlung des Materialmodells näher erläutert. Ihnen allen gemein ist, dass sie den TS-Effekt nur für eindimensionale Zugbeanspruchun-gen modellieren und es noch kein umfassendes TS-Konzept für mehrdimensionale Spannungszustände gibt.

4.2   Werkstoffmodell für Beton
Material Model for Concrete

4.2.1   Entwicklung
Introduction

Die numerische Berechnung von Betonstrukturen beginnt in den 60'er Jahren mit
den Arbeiten von NGO und SCORDELIS (1967) und RASHID (1968). Es entwickelten sich zwei parallele Strömungen, das Betonverhalten zu simulieren. Die *diskreten
Rissformulierungen* modellieren jeden einzelnen Riss der zu untersuchenden Struktur im FE-Netz und es ist klar, dass diese Methode bei der Berechnung von größeren
Strukturen bald an ihre Grenzen stößt, da es unmöglich ist, alle Risse nachzubilden.
Die zweite Methode geht vom Konzept der *verschmierten Rissbildung* aus. Hier wird
das Reissen der Struktur im Rahmen des Stoffgesetzes modelliert und der Riss nicht
diskret abgebildet, sondern über die Rissbandbreite *verschmiert*. Das Spannungs-
Dehnungs-Verhalten eines diskreten Bereiches wird dem des zugehörigen Integrati-
onspunktes gleichgesetzt und in diesem berechnet. Anfänglich wurde angenommen,
dass es bei Überschreitung der Zugfestigkeit zu einer plötzlichen, kompletten Trennung der Rissufer in Querrichtung zur maximalen Hauptspannung kommt. Dadurch
blieben jedoch drei wichtige Phänomene unbeachtet:

- Der graduelle Abfall der Tragfähigkeit, *tension softening* genannt,

- die Übertragung von Schubspannungen über die Rissufer hinweg, und das

- Verbundverhalten von Beton und Bewehrung in unmittelbarer Rissumgebung,
  der Effekt des *tension stiffening*.

Die Richtung des Risses war durch jene des ersten Risses festgelegt (*fixed crack model*). Durch den rissbedingten Abfall der Normalspannungen quer zur Rissrichtung
und die damit verbundene Spannungsumlagerung konnte dadurch jedoch die Zugfestigkeit in einer anderen Richtung überschritten werden. Deshalb wurden die sog.
rotating crack models eingeführt. Hier verläuft die Rissrichtung immer quer zur ersten Hauptspannungsrichtung. Bei einem Drehen der Eigenvektoren des Spannungstensors dreht daher auch die Rissrichtung. Das ist physikalisch unrichtig, führt aber
über eine phänomenologische Betrachtung zu richtigen Berechnungsergebnissen.

Vorerst wurden alle Spannungs-Dehnungs-Beziehungen über *totale* Formulierungen
hergestellt, d.h. es gibt einen eindeutigen Zusammenhang zwischen Spannung und
Dehnung. Bei Spannungsumlagerungen kann es jedoch auch bei fortwährender Laststeigerung durch die Rissbildung zu Entlastungen von Teilbereichen der Struktur
kommen. Aus diesem Grund ist es unumgänglich, eine *inkrementelle* Formulierung

zu verwenden, die diesem Effekt Rechnung trägt. Das führt dann zur Verwendung von *elasto-plastischen* und Schädigungsmodellen. Ein einheitliches Konzept für die Behandlung von Druck- als auch Zugversagen im Rahmen der Plastizitätstheorie wurde von FEENSTRA (1993) aufgestellt, und da dieses Modell auch für ingenieur-mäßige Anwendungen praktikabel ist, wird in weiterer Folge darauf aufgebaut.

4.2.2 Mathematisches Modell
Mathematical Model

Die Einbettung eines Beton-Werkstoffmodells in eine FE-Plattenberechnung erfor-dert die Formulierung des mathematischen Modells für den ebenen Spannungszu-stand (ESZ). Das Plattenelement wird über die Querschnittshöhe in einzelne Schich-ten zerlegt. Auf diese werden die Spannungs-Dehnungsbeziehungen des Stoffgeset-zes angewendet und anschließend werden die Zustandsgrößen (Biege- und Torsions-momente, Normalkräfte und Querkräfte) und die Plattensteifigkeit über die Aufin-tegration der Teilergebnisse der einzelnen Schichten ermittelt. Die Spannungsver-teilung in Richtung der Flächennormalen wird nicht berücksichtigt. Deshalb wird in dieser Arbeit das Werkstoffmodell für Beton für den ebenen Spannungszustand modelliert.

Rissbildung und Diskretisierung

Die Rissmodellierung erfolgt in dieser Arbeit nach dem Konzept der *verschmierten* Risse. Hierbei wird das Material als homogenes Kontinuum ohne Defekte behandelt, die Relativbewegung der Rissufer wird über eine Bandbreite der Länge l gemittelt. Es gelten die Zustandsgrößen Spannungen und Dehnungen im kontinuumsmechani-schen Sinn.

Durch das *softening*-Verhalten des Betons sowohl im Druck- als auch Zugbereich kommt es zum Verlust der Elliptizität des Differentialgleichungssystems (DE BORST (1994)). Dadurch ist die Lösung netzabhängig und nicht mehr eindeutig und man muss zu sog. Regularisierungsmethoden (siehe Abschnitt 3.4.2) greifen, um die Lö-sung unabhängig von der Diskretisierung zu machen. Eine relativ einfache und bei der Modellierung von Beton breit akzeptierte Möglichkeit , die Netzabhängigkeit in den Griff zu bekommen, ist die Korrelation der Bruchenergie G_f mit einer charakte-ristischen Größe des Netzes (siehe auch CRISFIELD (1984), WILLAM et al. (1986) und ROTS (1988)). Diese charakteristische Länge h ist abhängig von der Rissrich-tung, dem Elementtyp und der Elementsgröße (HOFSTETTER und MANG (1995)). Genaugenommen muss man beim ebenen Spannungszustand von zwei charakteristi-schen Längen sprechen, da mit den 2 Hauptspannungen auch zwei Risse auftreten können (HOFSTETTER und MANG (1995)). In Abb. 4.7.a wird die charakteristische

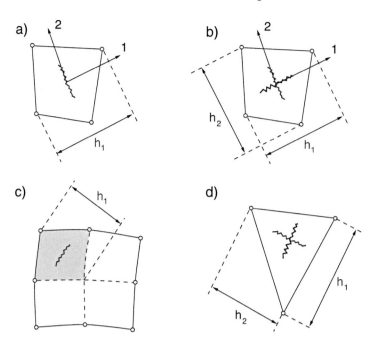

Abbildung 4.7: Darstellung der charakteristischen Länge für verschiedene finite Elemente mit linearem und quadratischem Ansatz

Figure 4.7: Characteristic element lengths for various finite element types

Länge für einen Riss in einem linearen vierknotigen finiten Element dargestellt. Die Zugfestigkeit wird in der Richtung 1 überschritten, es bildet sich normal dazu ein Riss aus. Die Länge h_1 entspricht dann der größtmöglichen, normal zum Riss verlaufenden Strecke. In Abb. 4.7.b wird die Zugfestigkeit in beiden Hauptrichtungen überschritten, es bilden sich zwei orthogonal zueinander stehende Risse mit den dazugehörenden charakteristischen Längen h_1 und h_2. Abb. 4.7.c zeigt ein achtknotiges Element mit quadratischem Verschiebungsansatz. Im linken oberen Integrationspunkt wird die Zugfestigkeit überschritten, h_1 wird nur auf jenen Elementanteil bezogen, der dem Integrationspunkt zugeordnet ist. Abb. 4.7.d zeigt denselben Sachverhalt für ein dreiknotiges Dreieckselement mit linearem Verschiebungsansatz.

Bruchenergie

Mit dem Konzept der verschmierten Risse kann die interne Schädigung des Materials einer internen Variablen κ zugeordnet werden, die über die charakteristische Länge mit der freigewordenen Rissenergie G_f verknüpft ist (DE BORST et al. (1994)).

Anmerkung: In dieser Arbeit wird die interne Schädigung des Betonwerkstoffes phänomenologisch betrachtet und über die Plastizitätstheorie als graduelle Abnahme der Zug- oder Druckfestigkeit beschrieben. Der Begriff Schädigung impliziert keine Abnahme der Materialsteifigkeit über den Elastizitätsmodul wie in der Schädigungsmechanik.

Für das Zugversagen von Beton wird der interne Parameter κ_t (Index t für *tension*) eingeführt. Analog zur Plastizitätstheorie wird nun eine *äquivalente Spannung* $\bar{\sigma}_t$ eingeführt, die den Abfall der Zugfestigkeit in Verbindung mit der internen Schädigungsvariablen κ_t beschreibt. Wenn $\kappa_t = 0$ ist, dann ist das Material nicht geschädigt und $\bar{\sigma}_t = f_{ctm}$. Wird das Material durch Überschreiten der Rissdehnung geschädigt, dann lässt sich $\bar{\sigma}_t$ über folgende Funktion berechnen:

$$\bar{\sigma}_t(\kappa_t) = f_{ctm} \exp\left(-\frac{\kappa_t}{\kappa_{tu}}\right), \text{ mit } \kappa_{tu} = \frac{G_f}{h f_{ctm}}. \tag{4.5}$$

Abbildung 4.8 zeigt die äquivalente Spannung $\bar{\sigma}_t$ und deren Abfall bei zunehmender Schädigung κ_t.

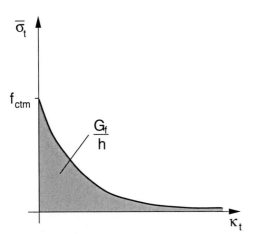

Abbildung 4.8: Äquivalente Spannung $\bar{\sigma}_t$ bei Zugversagen
Figure 4.8: Actual tensile strength $\bar{\sigma}_t$ for tensile failure

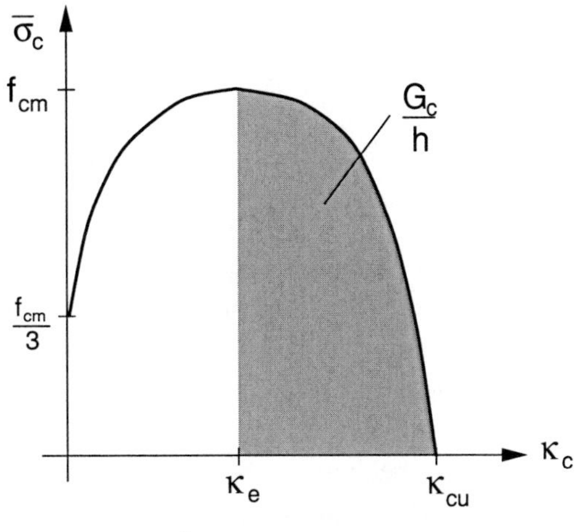

Abbildung 4.9: Äquivalente Spannung $\bar{\sigma}_c$ bei Druckversagen
Figure 4.9: Actual compressive strength $\bar{\sigma}_c$ for compressive failure

Der für das Druckversagen zuständige innere Parameter wird mit κ_c bezeichnet, und die zugehörige äquivalente Spannung mit $\bar{\sigma}_c$ (c für *compression*). Die Druckschädigung beginnt bei ca. 30% der Druckfestigkeit f_{cm}, bei $\kappa_c = \kappa_e$ wird die Druckfestigkeit erreicht und bei fortschreitender Schädigung sinkt die aufnehmbare Druckspannung parabolisch auf Null bei $\kappa_c = \kappa_{cu}$. Die Funktionen für die äquivalente Spannung $\bar{\sigma}_c$ lauten:

$$\bar{\sigma}_c = \frac{f_{cm}}{3}\left(1 + 4\frac{\kappa_c}{\kappa_e} - 2\frac{\kappa_c^2}{\kappa_e^2}\right) \qquad \text{für} \qquad \kappa_c < \kappa_e$$

$$\bar{\sigma}_c = f_{cm}\left(1 - \frac{(\kappa_c - \kappa_e)^2}{(\kappa_{cu} - \kappa_e)^2}\right) \qquad \text{für} \qquad \kappa_e \le \kappa_c < \kappa_{cu}$$

(4.6)

mit den Werten:

$$\kappa_e = \frac{4}{3}\frac{f_{cm}}{E_c}, \quad \text{und} \quad \kappa_{cu} = \kappa_e + 1.5\frac{G_c}{h\,f_{cm}}\,. \tag{4.7}$$

Abbildung 4.9 zeigt die Darstellung von (4.6) in Abhängigkeit der Druckschädigung. Auch hier wird die Fläche unter dem absteigenden Ast mit der Bruchenergie für Druckversagen G_c und der charakteristischen Länge korreliert.

Die Werte der Bruchenergien sind Materialparameter. Die Bruchenergie für den Zugbereich kann nach CEB-FIP model code (1990) in Abhängigkeit vom Größtkorn und der mittleren Betondruckfestigkeit bestimmt werden:

$$G_f = 10^{-3}\alpha_F f_{cm}^{0.7} \quad [\text{Nmm/mm}^2]\,, \tag{4.8}$$

mit $\alpha_F = 4, 6, 10$ für $d_{max} = 8, 16, 32$ [mm]. Die Bruchenergie für das Druckversagen ist nach Versuchen von VONK (1992) ungefähr 50–100 mal größer als G_f und liegt zwischen 10–25 [Nmm/mm^2].

Die Objektivität der Lösung in bezug auf die Elementanzahl lässt sich am besten am Beispiel des Zugstabes erläutern. Ein Zugstab mit quadratischem Querschnitt und der Länge l ist links eingespannt und wird am rechten Ende durch eine Kraft F auf Zug beansprucht (Abb. 4.10.a). Der Stab reißt bei Überschreiten der Zugfestigkeit im schwächsten Querschnitt, es bildet sich ein Riss mit der Rissbreite w_1 (Abb. 4.10.b). Die Kraft-Verschiebungskurve verläuft linear bis zum Anreißen des Querschnitts. Der Einfachheit halber wird ein lineares *tension softening*-Gesetz angenommen. Bei der Verformung δ_1 kommt es zur vollständigen Trennung der Rissufer, wobei die Kraft $F = 0$ ist. Die Rissweite w_1 entspricht dann der Verformung δ_1, da die elastischen Dehnungen der ungerissenen Zonen gleich Null sind.

Abb. 4.10.c zeigt die Diskretisierung des Stabes durch n Rechteckelemente mit linearem Verschiebungsansatz. Um den schwächsten Querschnitt zu modellieren, erhält das Element i eine geringfügig kleinere Zugfestigkeit als die benachbarten Elemente. Die charakteristische Länge ist $h = l_n = l/n$. Bei Aufbringen der Belastung versagt das schwächste Element in der Mitte, die *verschmierte* Rissbildung führt zu einer konstanten plastischen Dehnung im Element. Nach Abarbeiten der gesamten im Element zur Verfügung stehenden Bruchenergie G_f wird die Kraft zu Null bei $\kappa = \kappa_{tu} = \frac{2G_f}{h f_{ctm}}$.

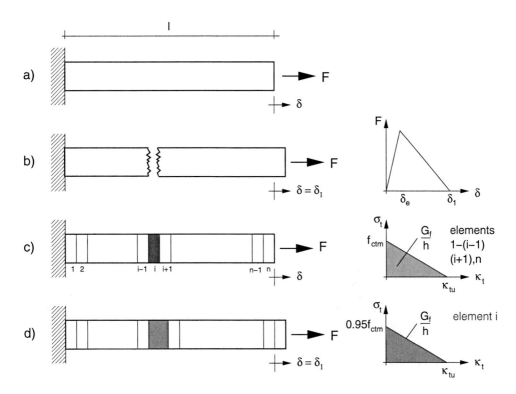

Abbildung 4.10: Zugstab aus Beton: a) Geometrie, b) gerissener Zustand, c) Diskretisierung, d) Plasti-
fizieren im Element i
*Figure 4.10: concrete bar under tension: a) Geometry, b) Cracked bar, c) Discretization, d) Plastic
strain in element i*

Über die Rate der plastischen Arbeit kann eine Verbindung zwischen der plastischen
Verzerrung ε^p und der internen Schädigung κ_t hergestellt werden. Allgemein gilt:

$$\dot{W}^p = \boldsymbol{\sigma} : \dot{\boldsymbol{\epsilon}}^p = \bar{\sigma}_t \, \kappa_t \,, \tag{4.9}$$

und im einaxialen Fall entspricht $\bar{\sigma}_t = \sigma$ und damit $\kappa_t = \dot{\varepsilon}^p$.

Bis zum Reissen weisen alle Elemente elastisches Verhalten auf und die Gesamtver-
schiebung des Stabendes lässt sich über die elastischen Verzerrungen ε^e berechnen:

$$\delta = \int_0^l \varepsilon^e \, \mathrm{d}\,s = \sum^n \varepsilon_n^e \, l_n \,. \tag{4.10}$$

Bei weiterer Laststeigerung reißt das Element i mit der geringeren Zugfestigkeit, es
beginnt zu plastizieren und die Verzerrungen lokalisieren in diesem Element (Abb.
4.10.d). Die Verschiebung des Stabendes lautet dann:

$$\delta = \int_0^l (\varepsilon^e + \varepsilon^p) \, \mathrm{d}\,s = \sum^n \varepsilon_n^e \, l_n + \varepsilon_i^p \, l_i \,. \tag{4.11}$$

Die elastischen Verformungen werden bei $F = 0$ zu Null und die bleibende Verformung des Stabes ist über die plastische Dehnung des Elementes i gegeben:

$$\delta_1 = \int_0^l \varepsilon \, \mathrm{d}s = \varepsilon_i^p \, l_i = \kappa_{tu} \, h = \frac{2G_f}{h f_{ctm}} \, h = \frac{2G_f}{f_{ctm}} \, . \tag{4.12}$$

Aus Gl. (4.12) wird ersichtlich, dass durch die Normung der Fläche der $\bar{\sigma}$-κ_t-Kurve auf die Bruchenergie und die charakteristische Länge die Elementsgröße keine Rolle mehr spielt. Die bleibende Verformung und somit die Rissbreite sind unabhängig von der Anzahl der Elemente und somit objektiv in bezug auf die Diskretisierung. Dasselbe gilt auch für Druckversagen im Entlastungsbereich.

4.2.3 Versagenskurve
Failure criterion

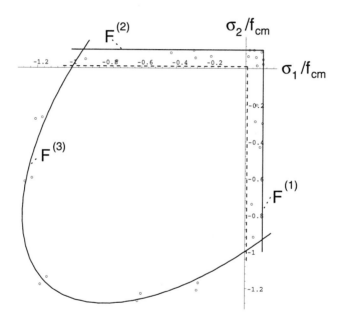

Abbildung 4.11: Versagenskurve nach FEENSTRA (1995)

Figure 4.11: Failure criterion introduced by FEENSTRA (1995)

Wie schon im Kapitel 3.3 dargestellt wurde, müssen alle zulässigen Spannungen im Bereich B innerhalb der Fließfläche F liegen und es gilt:

$$B = \{\boldsymbol{\sigma} \mid F(\boldsymbol{\sigma}) \leq 0\} \, . \tag{4.13}$$

Von einem Betonstoffgesetz, das für den ebenen Spannungszustand gilt, muß die Versagens- oder Fließfläche eine geschlossene Kurve von der Form der KUPFER'schen

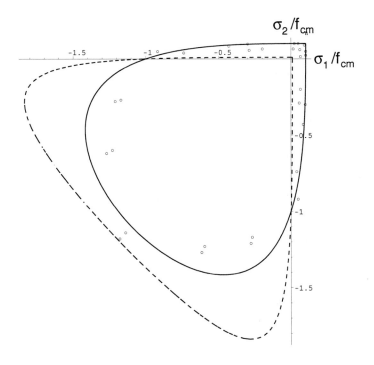

Abbildung 4.12: Versagenskurve nach LADE (1997)

Figure 4.12: Failure criterion according to LADE (1997)

Bruchumhüllenden sein. FEENSTRA (1995) setzt die Fließfläche aus zwei linearen RANKINE-Kriterien ($F^{(1)}$, $F^{(2)}$) für den Zugbereich und dem DRUCKER-PRAGER-Kriterium ($F^{(3)}$) für den Druckbereich zusammen (Abb. 4.11). Durch Hauptachsen-transformation lassen sich die Formulierungen der Fließkurven stark vereinfachen und lauten:

$$F^{(1)}(\sigma_1, \sigma_2) = \sigma_1 - \bar{\sigma}_t$$
$$F^{(2)}(\sigma_1, \sigma_2) = \sigma_2 - \bar{\sigma}_t$$
$$F^{(3)}(\sigma_1, \sigma_2) = \sigma_1^2 + \sigma_2^2 - \left(2 - \frac{1}{\beta^2}\right)\sigma_1\sigma_2 - \bar{\sigma}_c^2,$$

(4.14)

wobei $F^{(3)}$ in diesem Fall ein um den Faktor $(2 - \frac{1}{\beta^2})$ erweitertes MISES-Kriterium darstellt (der Faktor β gibt das Verhältnis der biaxialen isotropen Druckfestigkeit zur einaxialen Druckfestigkeit an und beträgt in etwa 1.16). Die Punkte in der Darstellung geben die Versuchswerte von KUPFER (1969) wieder. Die beiden Fließkurven entsprechen im Zug/Zug- und im Druck/Druck-Bereich den Versuchsdaten, ledig-lich im Zug/Druck-Bereich wird die Zugfestigkeit bei Querdruck überschätzt. Unter Belastung nimmt die Zugfestigkeit des Betons, gesteuert über die äquivalente Spannung $\bar{\sigma}_t$ und die interne Schädigungsvariable κ_t, bis auf Null ab. Dieses Verhalten muss die Versagenskurve abbilden können. Die strichlierte Linie in Abb. 4.11 zeigt die Form der Fließkurve für eine Abnahme der Zugfestigkeit auf ein Zehntel ihres ursprünglichen Wertes. Deutlich erkennbar ist, dass ein Abfall der Zugfestigkeit keine Auswirkugen auf die Form der Fließkurve im Druckbereich hat.

LADE (1997) gibt eine dreidimensionale Fließfläche in Invariantendarstellung an, deren Schnittkurve mit der σ_1-σ_2-Ebene die Fließkurve aus Abb. 4.12 ergibt. Die Gleichung für die Fließfunktion lautet in der von LADE allgemein angegebenen Form:

$$F = (I_1^3/I_3 - 27)(I_1/p_a)^m - \eta_1 \,, \tag{4.15}$$

mit $I_1 = \sigma_1 + \sigma_2$ der ersten und $I_3 = \sigma_1\sigma_3$ der dritten Invarianten des Spannungstensors. Die Konstanten m und η_1 bestimmen die Fülligkeit der Fließfläche und der Druck p_a dient lediglich der Normierung und der Dimensionsbereinigung. Eine Umformung dieser Fließfunktion unter Anpassung auf die Zwangspunkte der einaxialen Zug- und Druckfestigkeiten ergibt die mit der durchgezogenen Linie dargestellte Kurve in Abb. 4.12. Diese Fließfläche gibt den Zug/Zug-Bereich und den Zug/Druck-Bereich des Betonversagens sehr gut wieder. Im Druck/Druck-Bereich wird die Betonfestigkeit aber um bis zu 20% überschätzt. Ein weiteres Manko dieser Formulierung erweist sich beim Abfall der Zugfestigkeit gegen Null. Hierbei baucht die Kurve (strichlierte Linie) im Druckbereich aus und liefert Druckfestigkeiten im Druck/Druck-Bereich, die die gemessenen Werte um bis zu 50% übertreffen.

Die Idee, nur eine Fließfläche zu verwenden ist insofern interessant, weil man keine *multisurface plasticity* mit den numerischen Problemen in den Eckbereichen anwenden muss. Aus diesem Grund habe ich versucht, eine Formulierung zu finden, die die Vorzüge im Zug/Druck-Bereich von LADE mit jenen im Druck/Druck-Bereich von FEENSTRA miteinander verknüpft.

Es hat sich gezeigt, dass sich die Fließkurve mit 2 Konstanten in einem Polynomansatz nicht ausreichend beschreiben lässt. Nach etlichen Versuchen kam ich dann zu folgender Funktion für das Versagenskriterium:

$$F = I_1^4 - C_1 I_1^2 I_3 - C_2 I_3 - C_3 I_3^2 \,, \tag{4.16}$$

mit der ersten und dritten Invariante (I_1, I_3) des Spannungstensors σ und den drei Konstanten C_i. Diese Funktion beschreibt einen doppelten *Tropfen* entlang der Achse $\sigma_1 = \sigma_2$. Aufgrund des Polynomansatzes 4. Ordnung kommen im 2. und 4. Quadranten noch zwei Hyperbeläste dazu.

Wir interessieren uns jedoch nur für den 3. Quadranten, wo schon die Form der KUPFER'schen Versagenskurve erkennbar ist. Die Parameter C_i für die Festlegung der Fließkurve werden über die 3 Zwangspunkte P_1, P_2 und P_3 bestimmt (linke Abb.

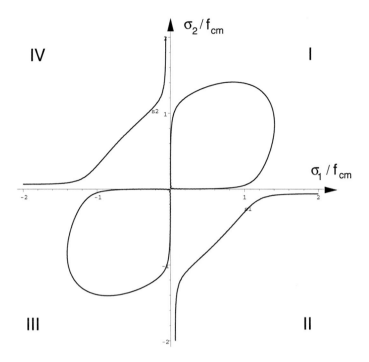

Abbildung 4.13: Darstellung der Funktion (4.16)

Figure 4.13: Function (4.16)

4.14):

$$
\begin{aligned}
P_1(\sigma_1, \sigma_2) &= (-f_t, f_c - f_t) \\
P_2(\sigma_1, \sigma_2) &= (\alpha f_c - f_t, \alpha f_c - f_t) \\
P_3(\sigma_1, \sigma_2) &= (\beta f_c - f_t, \gamma f_c - f_t) \, .
\end{aligned}
\tag{4.17}
$$

Die Bildung der Invarianten für die Spannungszustände in den jeweiligen Punkten P_i und Einsetzen in (4.16) liefert die 3 Gleichungen zur Bestimmung der C_i:

$$
\begin{bmatrix}
I_{1(P_1)}{}^2 I_{3(P_1)} & I_{3(P_1)} & I_{3(P_1)}{}^2 \\
I_{1(P_2)}{}^2 I_{3(P_2)} & I_{3(P_2)} & I_{3(P_2)}{}^2 \\
I_{1(P_3)}{}^2 I_{3(P_3)} & I_{3(P_3)} & I_{3(P_3)}{}^2
\end{bmatrix}
\begin{bmatrix}
C_1 \\
C_2 \\
C_3
\end{bmatrix}
=
\begin{bmatrix}
I_{1(P_1)}{}^4 \\
I_{1(P_2)}{}^4 \\
I_{1(P_3)}{}^4
\end{bmatrix}
\tag{4.18}
$$

Die aktuelle Druckfestigkeit f_c wird als Druckkraft und deshalb mit negativem Vorzeichen eingesetzt.

Anschließend findet eine Transformation der Fießkurve (4.16) in den beiden Hauptachsenrichtungen jeweils um die aktuelle Zugfestigkeit f_t statt. Die Funktion F lautet somit:

$$F = I_1^{*4} - C_1 I_1^{*2} I_3^* - C_2 I_3^* - C_3 I_3^{*2} \,,$$

$$\text{mit} \quad I_1^* = \sigma_1 + \sigma_2 - 2f_t \,, \quad I_3^* = (\sigma_1 - f_t)(\sigma_2 - f_t) \,. \tag{4.19}$$

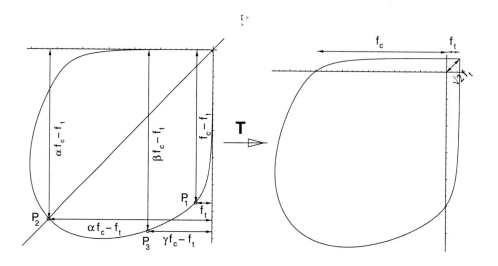

Abbildung 4.14: Festlegung der Punkte für die Bestimmung der C_i und Transformation um $\sqrt{2}f_t$ entlang der hydrostatischen Achse

Figure 4.14: Definition of the points P_i for determination of the constants C_i, Translation of the failure curve

Die so erhaltene Versagenskurve für Beton zeigt Abb. 4.15. Die verwendeten Parameter und die damit berechneten Konstanten C_i sind:

Druckfestigkeit f_c	−30.0	[MN/m^2]
Zugfestigkeit f_t	3.0	[MN/m^2]
α	1.16	[-]
β	1.20	[-]
γ	0.28	[-]
C_1	−41.66	[-]
C_2	56814.51	[-]
C_3	142.89	[-]

Die Fließkurve liegt im Bereich der Versuchsdaten von KUPFER (1969) und beschreibt das Betonversagen in allen Bereichen (Zug/Zug, Zug/Druck und Druck/Druck) sehr gut, lediglich im Druck/Druck-Bereich nahe der isotropen Achse wird die Druckfestigkeit leicht überschätzt. Die strichlierte Kurve gibt die Versagenskurve für den Abfall der Zugfestigkeit $f_t \to 0$ an. Die Verbesserung gegenüber der Funktion von

LADE ist klar erkennbar, die Druckfestigkeit wird nur mehr in einem ganz kleinen Teil geringfügig überschätzt.

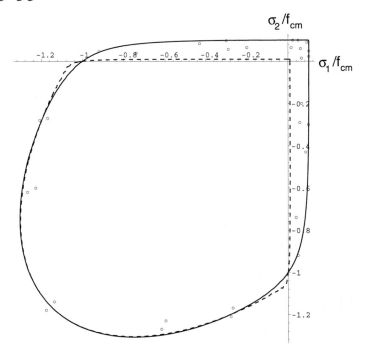

Abbildung 4.15: Fließkurve für Beton C30 mit den Kennwerten nach Tabelle 4.2.3

Figure 4.15: Failure curve for concrete C30, parameters according to table 4.2.3

4.2.4 Fließpotential
Plastic potential

Analog zu granularen Böden gilt auch für Beton, der ein granulares Material mit Zementierung ist, dass das DRUCKER'sche Postulat von der Normalitätsbedingung nicht gilt (JEMIOLO et al. (1994)). Das bedeutet, dass sich das Dilatanzverhalten von Beton beim Schädigungsvorgang nicht mit einer Projektion der plastischen Verzerrungen normal zur Fließkurve beschreiben lässt. Aus diesem Grund muss nun ein Fließpotential $G \neq F$ gefunden werden. Ein Polynomansatz 4.Ordnung eignet sich jedoch nicht zur Darstellung des Potentials G, da es Unstetigkeiten in den Ableitungen in Bereichen mit $F > 0$ gibt, und die herkömmlichen Projektionsverfahren hier versagen.

Weiters ist nicht das plastische Potential als solches interessant, sondern nur dessen Gradientenfeld. Ich habe mich dafür entschieden, das plastische Potential aus drei

einfachen Kurven zusammenzusetzen, und zwar aus einem Kreisbogen im 1.Qua-
dranten, einem weiteren Kreisbogen im 2.Quadranten und einer Ellipse im 3.Qua-
dranten. Alle Funktionen gehen stetig ineinander über, und das Gradientenfeld ist
über die Zuordnung zu den 3 Bereichen ebenfalls eindeutig. Abbildung 4.16.a zeigt
das Fließpotential G mit den zugeordneten Bereichen und das Gradientenfeld $\mathbf{g} = \partial_\sigma G$, Abbildung 4.16.b die Fließkurve F mit dem Gradientenfeld des plastischen
Potentials $\mathbf{g}$.

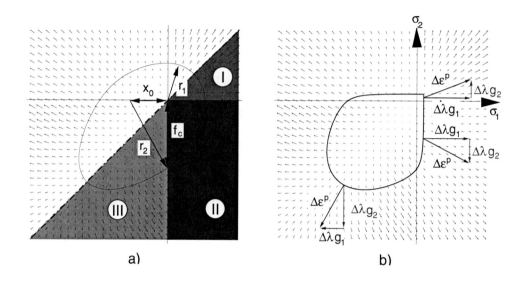

a)   b)

Abbildung 4.16: Gradientenfeld mit: a) Plastisches Potential G, b) Fließkurve F

Figure 4.16: Gradient field with: a) Plastic potential G, b) yield curve F

Das plastische Potential setzt sich aus den Funktionen, dargestellt in Tabelle 4.1
in Hauptspannungsdarstellung zusammen. Aufgrund der Betrachtung in der Hauptspannungsebene wird statt der Tensorschreibweise die Vektorschreibweise verwen-
det. Das Gradientenfeld $\vec{\mathbf{g}} = \partial_{\vec{\sigma}} G$ stellt somit die Ableitung des Potentials nach den
Hauptspannungen dar.

Die 2 Parameter, die für die Festlegung des plastischen Potentials benötigt werden
sind die aktuelle Druckfestigkeit f_c und die Konstante a, die die Bauchigkeit der
Ellipse im Druck/Druck-Bereich bestimmt und im Bereich zwischen 3.0 und 3.5
liegt.

Tabelle 4.1: Plastisches Potential G und dessen Ableitung $\vec{g}$

Table 4.1: Plastic potential G and its gradients $\vec{g}$

Bereich	**Funktion** G	**Gradient** $\vec{g} = \partial_{\vec{\sigma}} G$		
Zug/Zug	$G = I_1^2 - 2I_3 - r_1^2$	$\vec{g} = \mathbf{P}_{\mathrm{I}} \vec{\sigma}$	$\mathbf{P}_{\mathrm{I}} = \begin{bmatrix} 2 & 0 \\ 0 & 2 \end{bmatrix}$	
Zug/Druck	$G = \hat{I}_1^2 - \hat{I}_3 - r_2^2$	$\vec{g} = \mathbf{P}_{\mathrm{II}} \vec{\sigma} - \mathbf{p}$	$\mathbf{P}_{\mathrm{II}} = \begin{bmatrix} 2 & 0 \\ 0 & 2 \end{bmatrix}$	
			$\mathbf{p} = \begin{bmatrix} 2x_0 \\ 0 \end{bmatrix}$	
Druck/Druck	$G = I_1^2 - aI_3 - f_c^2$	$\vec{g} = \mathbf{P}_{\mathrm{III}} \vec{\sigma}$	$\mathbf{P}_{\mathrm{III}} = \begin{bmatrix} 2 & 2-a \\ 2-a & 2 \end{bmatrix}$	

$$\hat{I}_1 = (\sigma_1 - x_0) + \sigma_2, \quad \hat{I}_3 = (\sigma_1 - x_0)\sigma_3$$
$$x_0 = f_c(a-2)/2$$
$$r_2 = \sqrt{f_c^2 + x_0^2}$$
$$r_1 = x_0 + r_2$$
$$\vec{\sigma} = \begin{bmatrix} \sigma_1 \\ \sigma_2 \end{bmatrix}$$

4.2.5 Schädigung
Damage

Das Schädigungsverhalten von Beton wurde schon bei einaxialem Druck- und Zugversagen dargestellt. Nun gilt es, dieses Werkstoffverhalten auf den ebenen Spannungszustand abzubilden. Es gilt die additive Zerlegung des Dehnungsinkrementes $\Delta\epsilon = \Delta\epsilon^e + \Delta\epsilon^p$, und das plastische Dehnungsinkrement ist über den plastischen Multiplikator und die Richtungsableitung der Fließfunktion bestimmt durch:

$$\Delta\vec{\epsilon}^p = \Delta\lambda\,\vec{g} = \Delta\lambda \begin{bmatrix} g_1 \\ g_2 \end{bmatrix}. \tag{4.20}$$

Die fortlaufende Schädigung wird über die beiden internen Variablen κ_t und κ_c festgelegt. Es ist nun erforderlich, die aktuellen Spannungen und Verzerrungen mit den einaxialen Testdaten zu verknüpfen, um eine Aussage über das zweidimensionale Werkstoffverhalten treffen zu können. Eine Möglichkeit dafür bietet sich über das Inkrement der plastischen Arbeit ΔW^p. In der Literatur wird diese Vorgehensweise als *work hardening hypothesis* bezeichnet (siehe auch CRISFIELD (1994) und CHEN (1988)).

Meist wird nur eine interne Variable κ verwendet und dann gilt:

$$\Delta W^p = \sigma : \Delta\epsilon^p = \Delta\lambda\,\vec{\sigma}^T\vec{g} = \bar{\sigma}\Delta\kappa. \tag{4.21}$$

Wir suchen nun eine Spannungsvariable, die *effektive Spannung* σ_e, die sich als Funktion des Spannungszustandes σ ausdrücken lässt, und eine Verzerrungsvariable, die *effektive Verzerrung* ε_e, die eine Funktion der plastischen Verzerrungen ϵ^p ist. Damit gilt dann:

$$\Delta W^p = \sigma : \Delta\epsilon^p = \sigma_e(\vec{\sigma})\Delta\varepsilon_e(\Delta\lambda\,\vec{g}) = \bar{\sigma}\Delta\kappa\,. \tag{4.22}$$

Das Fortschreiten der Schädigung $\Delta\kappa$ ist somit eine Funktion des plastischen Multiplikators $\Delta\lambda$ und der Spannungen $(\vec{g} = f(\vec{\sigma}))$.

Beim hier vorgestellten Stoffgesetz muss jedoch die Schädigung in zwei Richtungen über das Inkrement der plastischen Arbeit festgelegt werden. Durch die Darstellung der Fließfunktion und des plastischen Potentials in Hauptspannungen lassen sich noch zusätzliche Bedingungen für die Berechnung der Schädigungsvariablen κ_t und κ_c finden. Das Fortlaufen der Schädigung ist von der aktuellen Beanspruchung abhängig, die Vorzeichen der aktuellen Hauptspannungen legen den Bereich der zweiaxialen Schädigung fest.

Zug/Zug-Bereich

Im Zug/Zug-Bereich (Bereich I in Abb. 4.16.a) sind beide Hauptspannungen positiv. Es werden folgende Vereinfachungen getroffen:

1. Die interne Varible κ_t ist immer an die erste Hauptspannung ($\sigma_1 \geq \sigma_2$) gekoppelt. Das bedeutet, dass die Schädigung von der ersten Rissrichtung abhängt.

2. Tritt infolge der ersten Hauptspannung ein Riss auf, so bleibt die Zugfestigkeit in der zweiten Hauptspannungsrichtung weitgehend erhalten. Demzufolge wäre eine zweite Schädigungsvariable notwendig, die den Rissfortschritt in der zweiten Richtung beschreibt (Prinzip der kinematischen Entfestigung). FEENSTRA (1993) hat gezeigt, dass die Annahme von isotroper Entfestigung zu guten Ergebnissen führt und somit gerechtfertigt ist. Das bedeutet, dass die Schädigung des Materials in beiden Hauptspannungsrichtungen durch die Schädigung in der ersten Hauptspannungsrichtung festgelegt und isotrop ist.

3. Das Zugversagen beeinflusst das Druckversagen nicht, ein einmal gerissener Beton kann bei Beanspruchungsumkehr immer noch bis zur Druckfestigkeit belastet werden, somit ist $\Delta\kappa_c = 0$.

Aus Abbildung 4.16.b geht die Richtung der plastischen Verzerrung im Zug/Zug-Bereich hervor. Nach Annahme 1 ist jedoch nur der Anteil in σ_1-Richtung für die

Entfestigung im Zugbereich ausschlaggebend. Für die effektive Spannung gilt $\sigma_e = \sigma_1$, und für die effektive Verzerrung gilt $\varepsilon_e = \varepsilon_1^p$. Aus (4.21) folgt dann:

$$\Delta W^p = \boldsymbol{\sigma} : \boldsymbol{\epsilon}^p = \sigma_1 \varepsilon_1^p = \Delta\lambda\, \sigma_1 g_1 = \bar{\sigma}_t \Delta\kappa_t \,, \tag{4.23}$$

und somit gilt im Zug/Zug-Bereich:

$$\Delta\kappa_t = \Delta\lambda\, g_1 \,. \tag{4.24}$$

Zug/Druck-Bereich

Die erste Hauptspannung ist positiv, die zweite negativ (dunkle Bereich in Abb. 4.16.a). Die Richtung der plastischen Verzerrung im zweiten Quadranten der Abb. 4.16.b wird in einen Anteil in Richtung der Zugspannung und in einen Anteil in Richtung der Druckspannung zerlegt. Das Inkrement der plastischen Arbeit lautet:

$$\Delta W^p = \boldsymbol{\sigma} : \Delta\boldsymbol{\epsilon} = \sigma_1 \Delta\lambda\, g_1 + \sigma_2 \Delta\lambda\, g_2 = \bar{\sigma}_t \Delta\kappa_t + \bar{\sigma}_c \Delta\kappa_c \,. \tag{4.25}$$

Durch eine Trennung der Variablen kommt es zur Aufspaltung der plastischen Arbeit in einen Zuganteil und einen Druckanteil. So können die Schädigungsvariablen berechnet werden:

$$\Delta\kappa_t = \Delta\lambda\, g_1 \quad \text{und} \quad \Delta\kappa_c = \Delta\lambda\, g_2 \,. \tag{4.26}$$

Druck/Druck-Bereich

In diesem Bereich (hellgraue Bereich in Abb. 4.16.a) haben beide Hauptspannungen ein negatives Vorzeichen. Es wird angenommen, dass in diesem Bereich nur Druckversagen vorkommt und somit die interne Variable für die Zugschädigung $\kappa_t = 0$ ist. Es gibt mehrere Möglichkeiten, die effektive Spannung σ_e und die effektive Verzerrung ε_e zu bestimmen (CHEN (1988)). Hier wird σ_e gleich der mittleren Druckspannung gesetzt:

$$\sigma_e = -\sqrt{\sigma_1^2 + \sigma_2^2} \,. \tag{4.27}$$

Die effektive Verzerrung ist:

$$\varepsilon_e = -\sqrt{\varepsilon^p : \varepsilon^p} = \Delta\lambda \sqrt{\sigma_1^2 g_1^2 + \sigma_2^2 g_2^2} = \Delta\lambda \sqrt{2\, \vec{\sigma}^T \mathbf{P}_{\text{III}} \vec{\sigma}} \,. \tag{4.28}$$

Das Inkrement der plastischen Arbeit lautet:

$$\Delta W^p = \sigma_e \Delta\varepsilon_e = \bar{\sigma}_c \Delta\kappa_c \,, \tag{4.29}$$

und es folgt für das Inkrement der Druckschädigung:

$$\Delta\kappa_c = -\Delta\lambda\,\sqrt{2\,\vec{\sigma}^T\mathbf{P}_{\mathrm{III}}\vec{\sigma}}\ . \tag{4.30}$$

Soweit ist das Fortschreiten der Schädigung durch den jeweiligen Spannungszustand σ und den plastischen Multiplikator $\Delta\lambda$ festgelegt, deren Größe bei der Aktualisierung der Spannungen bestimmt wird.

4.2.6   Aktualisierung der Spannungen
Stress update

Auch für dieses Stoffgesetz gelten die Grundlagen der Plastizitätstheorie, die schon im Abschnitt 3.3 behandelt wurden. Die Ansätze der Gleichungen müssen lediglich um die Anteile aus Ver- und Entfestigung im Druck- und Zugbereich erweitert werden.

Die Spannungen als auch die Ableitungen der Fließkurve F und der Fließfunktion G werden über eine Spektralzerlegung dargestellt:

$$\sigma = \sum_{j=1}^{2} \sigma_j\,\mathbf{n}_j \otimes \mathbf{n}_j \qquad \text{mit}\quad \sigma_1 \geq \sigma_2$$

$$\mathbf{f} = \partial_{\boldsymbol{\sigma}} F = \sum_{j=1}^{2} f_j\mathbf{n}_j \otimes \mathbf{n}_j \qquad \text{mit}\quad f_j = \partial_{\sigma_j} F \tag{4.31}$$

$$\mathbf{g} = \partial_{\boldsymbol{\sigma}} G = \sum_{j=1}^{2} g_j\mathbf{n}_j \otimes \mathbf{n}_j \qquad \text{mit}\quad g_j = \partial_{\sigma_j} G$$

Das Inkrement der Dehnungen wird wieder in einen elastischen und einen plastischen Anteil aufgeteilt und die plastischen Verzerrungen werden über das Potential und den plastischen Multiplikator $\Delta\lambda$ ausgedrückt:

$$
\begin{aligned}
\Delta\boldsymbol{\epsilon} &= \Delta\boldsymbol{\epsilon}^e + \Delta\boldsymbol{\epsilon}^p \\
\Delta\boldsymbol{\epsilon}^p &= \Delta\lambda\,\partial_{\boldsymbol{\sigma}} G = \Delta\lambda\,\mathbf{g}\ .
\end{aligned}
\tag{4.32}
$$

Die Spannungen müssen nach Aufbringung eines Verzerrungsinkrementes $\Delta\boldsymbol{\epsilon}$ innerhalb oder auf der Fließkurve liegen und es gilt:

$$\sigma = \mathbf{C} : \Delta\varepsilon^e = \sigma^e - \mathbf{C} : \Delta\boldsymbol{\epsilon}^p\ , \tag{4.33}$$

mit der elastischen Materialsteifigkeit für den ebenen Spannungszustand $\mathbf{C} = 2G(\mathbf{I}+$ $\xi\boldsymbol{\delta}\otimes\boldsymbol{\delta})$ mit $\xi = \frac{\nu}{1-\nu}$ und der elastischen Prediktorspannung $\sigma^e = \sigma^{e,(n+1)} =$

$\sigma^{(n)} + \mathbf{C} : \Delta\epsilon$. Einsetzen von (4.31) und (4.32) in (4.33) führt zu:

$$\sigma = \sigma^e - \Delta\lambda \, \mathbf{C} : \mathbf{g} = \sigma^e - 2G \, \Delta\lambda \, (\mathbf{g} + \xi g_{vol}\delta) \,, \tag{4.34}$$

mit $g_{vol} = g_1 + g_2$. Aus der Koaxialität von σ, σ^e, $\mathbf{g}$ und δ folgt, dass die aktuellen Spannungen in der Hauptspannungsebene berechnet werden können. Die mathematische Begründung dafür ist, dass die Abbildung der Prediktorspannung auf die Fließkurve eine euklidische Projektion in der Hauptspannungsebene ist. Durch diese ändern sich nur die Eigenwerte, nicht aber die Eigenvektoren. Somit wird bei der Aktualisierung der Spannungen folgender Weg beschritten:

1. Berechnung der elastischen Prediktorspannung $\sigma^e = \mathbf{C} : \Delta\epsilon$.

2. Spektralzerlegung von σ^e zur Festlegung der Eigenwerte von σ^e (σ_1^e, σ_2^e) und der dazugehörenden Eigenvektoren $\mathbf{n}_1$ und $\mathbf{n}_2$.

3. Für den Fall, dass $F(\sigma_i^e) \leq 0$ liegt die Spannung innerhalb der Fließkurve und die aktualisierte Spannung ist gleich der Prediktorspannung.

4. Wird die Fließbedingung F nach Gleichung (4.19) verletzt und es gilt $F(\sigma_i^e) > 0$, dann werden die aktuellen Spannungen σ_1 und σ_2 berechnet, indem die σ_i^e über $\Delta\lambda \, \mathbf{C} : \mathbf{g}$ auf die Fließfläche projiziert werden.

5. Der aktuelle Spannungszustand wird über eine Rücktransformation der σ_i über die $\mathbf{n}_i$ in den allgemeinen Spannungsraum berechnet.

Die Punkte 1. - 3. sind trivial und werden nicht näher erläutert. Für Punkt 4. folgt unter der Annahme, dass die Fließfunktion F in σ^e verletzt wird:

$$\begin{aligned} F(\sigma_1^e, \sigma_2^e) &= I_1^{*4} - C_1 I_1^{*2} I_3^* - C_2 I_3^* - C_3 I_3^{*2} > 0 \,, \\ \text{mit} \qquad I_1^* &= \sigma_1^e + \sigma_2^e - 2f_t \,, \quad I_3^* = (\sigma_1^e - f_t)(\sigma_2^e - f_t) \,. \end{aligned} \tag{4.35}$$

Die Größe und Form der Fließkurve hängt von den aktuellen Zug- und Druckfestigkeiten f_t und f_c ab. Diese entsprechen den äquivalenten Spannungen $\bar{\sigma}_t$ und $\bar{\sigma}_c$, die von den internen Schädigungsvariablen κ_t und κ_c abhängig sind:

$$\begin{aligned} f_t &= f_t(\kappa_t) = \bar{\sigma}_t(\kappa_t) \\ f_c &= f_c(\kappa_c) = \bar{\sigma}_c(\kappa_c) \end{aligned} \tag{4.36}$$

Das bedeutet, dass bei ungeschädigtem Beton mit $\kappa_t = 0$ und $\kappa_c = 0$ die aktuellen Werte für die Zugfestigkeit $f_t = \bar{\sigma}_t(\kappa_t = 0) = f_{ctm}$ und für die Druckfestigkeit $f_c = \bar{\sigma}_c(\kappa_c = 0) = f_{cm}/3$ lauten. Demzufolge sind auch die Zwangspunkte nach (4.17) und über diese die Konstanten C_i nach (4.18) zu bestimmen. Damit ist die

Fließfunktion F abhängig vom Fortschritt der Schädigung und den aktuellen Spannungen:

$$F = F(f_t, f_c, \sigma_i) = F(\Delta\kappa_t, \Delta\kappa_c, \Delta\lambda) \ . \tag{4.37}$$

Es werden nun die Werte für die σ_i in der Hauptspannungsebene gesucht, die die folgenden KUHN-TUCKER-Bedingungen erfüllen:

$$F(\sigma_i) \leq 0, \quad \Delta\lambda > 0, \quad \text{und} \quad \Delta\lambda \, F = 0 \ . \tag{4.38}$$

Im Gegensatz zum MC-Fließkriterium ist es bei der Betonversagensfläche nicht mehr möglich, die Aktualisierung der Spannungen in einem Schritt durchzuführen, weil sich die Form der Fließfläche in Abhängigkeit von der Schädigung ändert. Aus den Zusammenhängen von Abschnitt 4.2.5 geht hervor, dass sich die Inkremente der internen Variablen über das plastische Potential als Funktionen vom aktuellen Spannungszustand und vom plastischen Multiplikator ausdrücken lassen.

Die Lösung des Problems erfolgt auf numerischem Weg über die Aufstellung von Fehlervektoren. Am Anfang der Iteration gilt:

$$\sigma_i = \sigma_i^e, \quad \Delta\lambda = 0 \quad \text{und} \quad F(\sigma_i) = F(\sigma_i^e) \ . \tag{4.39}$$

Die weitere Vorgangsweise hängt von der Lage der aktuellen Spannung in der Hauptspannungsebene ab.

Zug/Zug-Bereich

Das Inkrement der plastischen Verzerrung lautet nach Tabelle 4.1 für diesen Bereich:

$$\Delta\vec{\epsilon}^p = \Delta\lambda \, \vec{g} = \Delta\lambda \, \mathbf{P}_{\mathrm{I}}\vec{\sigma} \ . \tag{4.40}$$

Das Inkrement der internen Variable κ_t ist nach (4.24):

$$\Delta\kappa_t = \Delta\lambda \, g_1 = [2, 2 - a]^T \, \vec{\sigma} \ . \tag{4.41}$$

Die aktuelle Zugfestigkeit errechnet sich aus (4.5) mit dem Wert für κ_t zu Beginn des Berechnungsschrittes zuzüglich des Inkrementes, somit ist $\kappa_t = \kappa_{t0} + \Delta\kappa_t$. Die Spannung berechnet sich analog (4.34) in Vektordarstellung zu:

$$\vec{\sigma} = \vec{\sigma}^e - \Delta\lambda \, \mathbf{C}_{2\times2}\vec{g} = \vec{\sigma}^e - \Delta\lambda \, \mathbf{C}_{2\times2}\mathbf{P}_{\mathrm{I}}\vec{\sigma} \ , \tag{4.42}$$

mit der elastischen Steifigkeitsmatrix $\mathbf{C}_{2\times2}$ für die Hauptspannungsebene:

$$\mathbf{C}_{2\times2} = 2G \left(\begin{bmatrix} 1 & 0 \\ 0 & 1 \end{bmatrix} + \xi_2 \begin{bmatrix} 1 & 1 \\ 1 & 1 \end{bmatrix} \right) \ , \tag{4.43}$$

und $\xi_2 = \nu/(1-\nu)$. Eine Umformung von (4.42) ergibt:

$$\vec{\sigma} = \Xi\vec{\sigma}^e, \quad \text{mit} \quad \Xi = (\delta + \Delta\lambda\,\mathbf{C}_{2\times2}\mathbf{P}_\mathrm{I})^{-1}, \tag{4.44}$$

mit der zweidimensionalen Einheitsmatrix δ. Aus (4.41) und (4.44) ist zu erkennen, dass sowohl der Fortschritt der Schädigung als auch die aktuelle Spannung einzig von $\Delta\lambda$ abhängen. Deshalb kann die Fließfunktion als Funktion von $\Delta\lambda$ dargestellt werden:

$$F(\vec{\sigma}, \Delta\lambda, \Delta\kappa_t) = F(\Delta\lambda) = 0 \tag{4.45}$$

Die Entwicklung einer Taylorreihe um den aktuellen Wert der Fließfunktion aus dem letzten Berechnungsschritt ergibt die benötigte Linearisierung der Gleichung (4.45):

$$F_{old} + \partial_{\Delta\lambda} F \, \mathrm{d}\Delta\lambda = 0, \tag{4.46}$$

und Lösen dieser Gleichung ergibt $\Delta\lambda_{neu} = \Delta\lambda_{old} + \mathrm{d}\Delta\lambda$. Mit diesem Wert werden die aktuelle Zugfestigkeit f_t und die Spannung $\vec{\sigma}$ berechnet. Über (4.17), (4.18) und (4.19) erhält man den neuen Wert für die Fließfunktion F_{neu}. Ist F_{neu} kleiner als die gewählte Rechengenauigkeit ($tol = 1.0 \times 10^6$), dann sind die KUHN-TUCKER-Bedingungen (4.38) erfüllt und es gilt in genäherter Form:

$$F \approx 0, \quad \Delta\lambda > 0, \quad \Delta\lambda F \approx 0, \tag{4.47}$$

und die Spannungen $\vec{\sigma}$ liegen somit am Ende der Iteration auf der Fließkurve.

Zug/Druck-Bereich

Im Zug/Druck-Bereich errechnet sich das Inkrement der plastischen Verzerrung nach Tabelle 4.1 mit:

$$\Delta\vec{\epsilon}^p = \Delta\lambda\,\vec{g} = \Delta\lambda\,(\mathbf{P}_\mathrm{II}\vec{\sigma} - \mathbf{p}). \tag{4.48}$$

Das Inkrement der internen Variablen κ_t und κ_c ist nach (4.26) und Tabelle 4.1 bestimmmt:

$$\begin{aligned} \Delta\kappa_t &= \Delta\lambda\,g_1 = \Delta\lambda\,2(\sigma_1 - x_0) \\ \Delta\kappa_c &= \Delta\lambda\,g_2 = \Delta\lambda\,2\sigma_2. \end{aligned} \tag{4.49}$$

Die aktuelle Zugfestigkeit f_t errechnet sich aus (4.5) und jener der aktuellen Druckfestigkeit f_c aus (4.6) mit dem jeweiligen Wert zu Beginn des Berechnungsschrittes zuzüglich des Inkrementes:

$$\begin{aligned} \kappa_t &= \kappa_{t0} + \Delta\kappa_t \\ \kappa_c &= \kappa_{c0} + \Delta\kappa_c \end{aligned} \tag{4.50}$$

Die Spannung wird analog zu (4.34) in Vektordarstellung bestimmt:

$$\vec{\sigma} = \vec{\sigma}^e - \Delta\lambda\,\mathbf{C}_{2\times2}\vec{g} = \vec{\sigma}^e - \Delta\lambda\,\mathbf{C}_{2\times2}\,(\mathbf{P}_\mathrm{II}\vec{\sigma} - \mathbf{p}), \tag{4.51}$$

und durch Umformung ergibt sich die folgende Darstellung für $\vec{\sigma}$:

$$\vec{\sigma} = \Xi(\vec{\sigma}^e + \Delta\lambda\,\mathbf{C}_{2\times2}\mathbf{p}), \quad \text{mit} \quad \Xi = (\boldsymbol{\delta} + \Delta\lambda\,\mathbf{C}_{2\times2}\mathbf{P}_{\mathrm{II}})^{-1}\,. \tag{4.52}$$

Aus (4.49) ist zu erkennen, dass der Fortschritt der Schädigung vom aktuellen Wert der Druckfestigkeit ($x_0 = f(f_c)$) als auch von der aktuellen Spannung und somit von $\Delta\lambda$ abhängt. Deshalb muss die Fließfunktion als Funktion von $\Delta\lambda$ und $\Delta\kappa_c$ dargestellt werden:

$$F(\vec{\sigma}, \Delta\lambda, \Delta\kappa_t, \Delta\kappa_c) = F(\Delta\lambda, \Delta\kappa_c) = 0 \tag{4.53}$$

Zur Lösung des Problems wird noch eine zweite Gleichung für den Fehler von κ_c aufgestellt (siehe auch CRISFIELD (1997), Kapitel 15.6):

$$r_{\kappa_c} = \Delta\kappa_c - \Delta\lambda\,g_1\,. \tag{4.54}$$

Die Lösung des Gleichungssystems:

$$\begin{aligned} F(\Delta\lambda, \Delta\kappa_c) &= 0 \\ r_{\kappa_c}(\Delta\lambda, \Delta\kappa_c) &= 0 \end{aligned} \tag{4.55}$$

erfolgt über Taylorreihenentwicklungen um die Werte von F und r_{κ_c} aus dem letzten Berechnungsschritt:

$$\begin{aligned} F_{old} + \partial_{\Delta\lambda}F\,\mathrm{d}\Delta\lambda + \partial_{\Delta\kappa_c}F\,\mathrm{d}\Delta\kappa_c &= 0 \\ r_{\kappa_c,old} + \partial_{\Delta\lambda}r_{\kappa_c}\,\mathrm{d}\Delta\lambda + \partial_{\Delta\kappa_c}r_{\kappa_c}\,\mathrm{d}\Delta\kappa_c &= 0 \end{aligned} \tag{4.56}$$

Auflösen von (4.56) liefert $\mathrm{d}\Delta\lambda$ und $\mathrm{d}\Delta\kappa_c$, und es werden die neuen Werte für

$$\begin{aligned} \Delta\lambda_{neu} &= \Delta\lambda_{old} + \mathrm{d}\Delta\lambda \\ \Delta\kappa_{c,neu} &= \Delta\kappa_{c,old} + \mathrm{d}\Delta\kappa_c \end{aligned} \tag{4.57}$$

ermittelt. Mit diesen Teilergebnissen werden die neuen Werte der Zug- und Druckfestigkeit f_t und f_c und der Fließfunktion F bestimmt. Die Iteration wird solange durchgeführt, bis der Betrag des Fehlervektors:

$$\vec{\mathbf{r}} = \begin{bmatrix} F_{neu} \\ r_{\kappa_c,neu} \end{bmatrix} \tag{4.58}$$

kleiner als die Berechnungstoleranz ist, wodurch gewährleistet ist, dass die Spannungen $\vec{\sigma}$ auf der Fließkurve liegen.

Druck/Druck-Bereich

In diesem Bereich findet die Berechnung der Spannungen analog zu jener des Zug/Zug-Bereiches statt. Es gelten die Beziehungen:

$$\Delta \vec{\epsilon}^p = \Delta \lambda \, \vec{g} = \Delta \lambda \, \mathbf{P}_{\mathrm{III}} \vec{\sigma}$$
$$\Delta \kappa_c = -\Delta \lambda \, \sqrt{2 \, \vec{\sigma}^T \mathbf{P}_{\mathrm{III}} \vec{\sigma}}$$
$$\kappa_c = \kappa_{c0} + \Delta \kappa_c \qquad\qquad (4.59)$$
$$\vec{\sigma} = \vec{\sigma}^e - \Delta \lambda \, \mathbf{C}_{2x2} \vec{g} = \vec{\sigma}^e - \Delta \lambda \, \mathbf{C}_{2 \times 2} \mathbf{P}_{\mathrm{III}} \vec{\sigma}$$
$$\vec{\sigma} = \boldsymbol{\Xi} \vec{\sigma}^e, \quad \text{mit } \boldsymbol{\Xi} = (\boldsymbol{\delta} + \Delta \lambda \, \mathbf{C}_{2 \times 2} \mathbf{P}_{\mathrm{III}})^{-1}$$

Die Fließkurve lässt sich somit wieder als Funktion von $\Delta\lambda$ ausdrücken:

$$F(\vec{\sigma}, \Delta \lambda, \Delta \kappa_c) = F(\Delta \lambda) = 0 \qquad\qquad (4.60)$$

Die Entwicklung einer Taylorreihe um den aktuellen Wert der Fließfunktion aus dem letzten Berechnungsschritt ergibt dann die notwendige Linearisierung der Gleichung (4.60):

$$F_{old} + \partial_{\Delta\lambda} F \, \mathrm{d}\Delta\lambda = 0 \,. \qquad\qquad (4.61)$$

Auflösung dieser Gleichung ergibt $\Delta\lambda_{neu} = \Delta\lambda_{old} + \mathrm{d}\Delta\lambda$. Mit diesem Wert werden die aktuelle Druckfestigkeit f_c und die Spannung $\vec{\sigma}$ berechnet. Über (4.17), (4.18) und (4.19) erhält man den neuen Wert für die Fließfunktion F_{neu}. Ist F_{neu} kleiner als die gewählte Rechengenauigkeit ($tol = 1.0 \times 10^6$), dann sind die KUHN-TUCKER-Bedingungen (4.38) erfüllt und die Spannungen $\vec{\sigma}$ liegen somit am Ende der Iteration auf der Fließkurve.

Am Ende der Aktualisierung werden die Spannungen noch in den allgemeinen Spannungsraum rücktransformiert:

$$\boldsymbol{\sigma} = \sum_i^2 \sigma_i \, \mathbf{n}_i \otimes \mathbf{n}_i \,. \qquad\qquad (4.62)$$

4.2.7   Konsistente Tangente
Material Stiffness Matrix

Wie schon im Kapitel 2 erläutert wurde, ist es bei der Einbindung eines nichtlinearen Stoffgesetzes in ein FE-Programm notwendig, die Materialsteifigkeitsmatrix $\mathbf{C}^t = \mathrm{d}\,\Delta\boldsymbol{\sigma}\,/\,\mathrm{d}\,\Delta\boldsymbol{\epsilon}$ am Ende des Berechnungsschrittes anzugeben. Handelt es sich um ein elasto-plastisches Werkstoffgesetz, dann spricht man auch von der elasto-plastischen Materialsteifigkeit $\mathbf{C}^{ep}$.

Nachdem die Aktualisierung der Spannungen in der Hauptspannungsebene stattgefunden hat, ist es nun notwendig, die Materialtangente für den allgemeinen ebenen Spannungszustand zu formulieren. Die Inkremente der Spannungen und der plastischen Dehnungen sind:

$$\begin{aligned}
\mathrm{d}\,\Delta\boldsymbol{\sigma} &= \mathbf{C} : (\mathrm{d}\,\Delta\boldsymbol{\epsilon} - \mathrm{d}\,\Delta\boldsymbol{\epsilon}^{\,p}) \\
\mathrm{d}\,\Delta\boldsymbol{\epsilon}^{\,p} &= \Delta\lambda\,\mathrm{d}\mathbf{g} + \mathrm{d}\,\Delta\lambda\,\mathbf{g}\,.
\end{aligned} \tag{4.63}$$

Aufgrund der Schädigungsvariablen verkompliziert sich die Berechnung von $\mathbf{C}^t$ erheblich und die relativ einfache Berechnung von Abschnitt 3.3.3 kann hier nicht angewendet werden.

Die konsistente Tangente kann nicht in der Hauptspannungsebene formuliert werden. Die für die Aktualisierung der Spannungen in der Hauptspannungsebene hergeleiteten Größen können jedoch in die allgemeine Form transformiert werden. Für die Ableitungen $\mathbf{f} = \partial_{\boldsymbol{\sigma}} F$ und $\mathbf{g} = \partial_{\boldsymbol{\sigma}} G$ gelten:

$$\begin{aligned}
\mathbf{f} &= \sum_i^2 f_i\,\mathbf{n}_i \otimes \mathbf{n}_i = \sum_i^2 f_i \mathbf{m}_i \\
\mathbf{g} &= \sum_i^2 g_i\,\mathbf{n}_i \otimes \mathbf{n}_i = \sum_i^2 g_i \mathbf{m}_i
\end{aligned} \tag{4.64}$$

Die internen Schädigungsvariablen κ_t und κ_c werden in einen Tensor zusammengefasst:

$$\begin{aligned}
\kappa &= \begin{bmatrix} \kappa_t & 0 \\ 0 & \kappa_c \end{bmatrix} = \kappa_t\,\mathbf{m}_{\kappa 1} + \kappa_c\,\mathbf{m}_{\kappa 2} \\
\mathbf{m}_{\kappa 1} &= \begin{bmatrix} 1 & 0 \\ 0 & 0 \end{bmatrix} \\
\mathbf{m}_{\kappa 2} &= \begin{bmatrix} 0 & 0 \\ 0 & 1 \end{bmatrix}.
\end{aligned} \tag{4.65}$$

Die aus Abschnitt 4.2.5 bekannten Beziehungen für die Entwicklung der Inkremente für $\Delta\kappa_c$ und $\Delta\kappa_t$ werden übernommen und in folgende Formulierung übergeführt:

$$
\begin{aligned}
\Delta\kappa &= \begin{bmatrix} \Delta\kappa_t & 0 \\ 0 & \Delta\kappa_c \end{bmatrix} = \Delta\lambda\, \mathbf{g}_\kappa \\[2mm]
\mathbf{g}_\kappa &= \begin{bmatrix} g_{\kappa 1} & 0 \\ 0 & g_{\kappa 2} \end{bmatrix} = (g_{\kappa 1}\mathbf{m}_{\kappa 1} + g_{\kappa 2}\mathbf{m}_{\kappa 2})\,,
\end{aligned}
\tag{4.66}
$$

mit den Werten für $g_{\kappa 1}$ und $g_{\kappa 2}$:

Bereich	$g_{\kappa 1}$	$g_{\kappa 2}$
Zug/Zug	g_1	0
Zug/Druck	g_1	g_2
Druck/Druck	0	$-\sqrt{2\,\vec{\sigma}^T \mathbf{P}_{III}\,\vec{\sigma}}$

Die Entwicklungsgleichungen für die Spannungen und die Schädigungsvariablen lauten somit:

$$
\begin{aligned}
\mathrm{d}\Delta\boldsymbol{\sigma} &= \mathbf{C} : \mathrm{d}\Delta\boldsymbol{\epsilon} - \mathrm{d}\Delta\lambda\,\mathbf{C} : \mathbf{g} - \Delta\lambda\,\mathbf{C} : \mathrm{d}\mathbf{g} \\
\mathrm{d}\Delta\boldsymbol{\kappa} &= \mathrm{d}\Delta\lambda\,\mathbf{g}_\kappa + \Delta\lambda\,\mathrm{d}\mathbf{g}_\kappa \\
\mathrm{d}\mathbf{g} &= \partial_{\boldsymbol{\sigma}}\mathbf{g}\,\mathrm{d}\Delta\boldsymbol{\sigma} + \partial_{\boldsymbol{\kappa}}\mathbf{g}\,\mathrm{d}\Delta\boldsymbol{\kappa} \\
\mathrm{d}\mathbf{g}_\kappa &= \partial_{\boldsymbol{\sigma}}\mathbf{g}_\kappa\,\mathrm{d}\Delta\boldsymbol{\sigma} + \partial_{\boldsymbol{\kappa}}\mathbf{g}_\kappa\,\mathrm{d}\Delta\boldsymbol{\kappa}
\end{aligned}
\tag{4.67}
$$

Die partiellen Ableitungen von $\mathbf{g}$ und $\mathbf{g}_\kappa$ werden nach folgenden Gleichungen berechnet und zur Vereinfachung abgekürzt:

$$
\begin{aligned}
\mathbf{G}_\sigma = \partial_{\boldsymbol{\sigma}}\mathbf{g} &= \sum_i^2 \sum_j^2 \partial_{\sigma_j} g_i\, \mathbf{m}_i \otimes \mathbf{m}_j \\
\mathbf{G}_\kappa = \partial_{\boldsymbol{\kappa}}\mathbf{g} &= \sum_i^2 \sum_j^2 \partial_{\kappa_j} g_i\, \mathbf{m}_i \otimes \mathbf{m}_{\kappa j} \\
\mathbf{K}_\sigma = \partial_{\boldsymbol{\sigma}}\mathbf{g}_\kappa &= \sum_i^2 \sum_j^2 \partial_{\sigma_j} g_{\kappa i}\, \mathbf{m}_{\kappa i} \otimes \mathbf{m}_j \\
\mathbf{K}_\kappa = \partial_{\boldsymbol{\kappa}}\mathbf{g}_\kappa &= \sum_i^2 \sum_j^2 \partial_{\kappa_j} g_{\kappa i}\, \mathbf{m}_{i\kappa} \otimes \mathbf{m}_{\kappa j}
\end{aligned}
\tag{4.68}
$$

Somit lassen sich die ersten beiden Gleichungen (4.67) anschreiben mit:

$$
\begin{aligned}
d\Delta\boldsymbol{\sigma} &= \mathbf{C}:d\Delta\boldsymbol{\epsilon} - d\Delta\lambda\,\mathbf{C}\mathbf{g} - \Delta\lambda\,\mathbf{C}:\mathbf{G}_{\sigma}:d\Delta\boldsymbol{\sigma} - \Delta\lambda\,\mathbf{C}:\mathbf{G}_{\kappa}:d\Delta\boldsymbol{\kappa} \\
d\Delta\boldsymbol{\kappa} &= d\Delta\lambda\,\mathbf{g}_{\kappa} + \Delta\lambda\,\mathbf{K}_{\sigma}:d\Delta\boldsymbol{\sigma} - \Delta\lambda\,\mathbf{K}_{\kappa}:d\Delta\boldsymbol{\kappa}
\end{aligned} \tag{4.69}
$$

Umformen von (4.69)$_2$ ergibt:

$$
d\Delta\boldsymbol{\kappa} = d\Delta\lambda\,\mathbf{Q}_{\kappa}:\mathbf{g}_{\kappa} + \Delta\lambda\mathbf{Q}_{\kappa}:\mathbf{K}_{\sigma}:d\Delta\boldsymbol{\sigma}\ ,\text{mit}\quad \mathbf{Q}_{\kappa} = (\mathbf{I} - \Delta\lambda\,\mathbf{K}_{\kappa})^{-1}\ . \tag{4.70}
$$

Einsetzen von (4.70) in (4.69)$_1$ liefert:

$$
d\Delta\boldsymbol{\sigma} = \mathbf{R}:d\Delta\boldsymbol{\epsilon} - d\Delta\lambda\,\mathbf{R}:\mathbf{g} - d\Delta\lambda\,\mathbf{R}:\mathbf{c}\ , \tag{4.71}
$$

mit:

$$
\mathbf{R} = \left(\mathbf{I} + \Delta\lambda\,\mathbf{C}:\mathbf{G}_{\sigma} + \Delta\lambda^{2}\,\mathbf{C}:\mathbf{G}_{\kappa}:\mathbf{Q}_{\kappa}:\mathbf{K}_{\sigma}\right)^{-1}:\mathbf{C}\ , \tag{4.72}
$$

und:

$$
\mathbf{c} = \Delta\lambda\,\mathbf{G}_{\kappa}:\mathbf{Q}_{\kappa}:\mathbf{g}_{\kappa}\ . \tag{4.73}
$$

Zur Bestimmung der Unbekannten $d\Delta\lambda$ ist neben den Gleichungen (4.67)$_{1,2}$ noch eine dritte Gleichung nötig. Die Konsistenzbedingung wird durch Differenzieren der Fließfunktion F erreicht:

$$
dF = \partial_{\boldsymbol{\sigma}}F:d\Delta\boldsymbol{\sigma} + \partial_{\kappa}F:d\Delta\boldsymbol{\kappa} = \mathbf{f}:d\Delta\boldsymbol{\sigma} + \mathbf{k}:d\Delta\boldsymbol{\kappa} = 0\ , \tag{4.74}
$$

wobei $\mathbf{f} = \partial_{\boldsymbol{\sigma}}F$ schon von (4.31) bekannt ist, und $\mathbf{k} = \partial_{\kappa}F$. Einsetzen von (4.70) und (4.71) in (4.74) ergibt unter Einführung der Abkürzung $\mathbf{b} = \Delta\lambda\,\mathbf{k}:\mathbf{Q}_{\kappa}:\mathbf{K}_{\sigma}$ die Lösung für $d\Delta\lambda$:

$$
d\Delta\lambda = \frac{\mathbf{f}:\mathbf{R}:d\Delta\boldsymbol{\epsilon} + \mathbf{b}:\mathbf{R}:d\Delta\boldsymbol{\epsilon}}{\mathbf{f}:\mathbf{R}:\mathbf{g} + \mathbf{f}:\mathbf{R}:\mathbf{c} + \mathbf{b}:\mathbf{R}:\mathbf{g} + \mathbf{b}:\mathbf{R}:\mathbf{c} - \mathbf{k}:\mathbf{Q}_{\kappa}:\mathbf{g}_{\kappa}}\ . \tag{4.75}
$$

Durch Einsetzen von (4.75) in (4.71) erhält man schließlich für $d\Delta\boldsymbol{\sigma}$:

$$
\begin{aligned}
d\Delta\boldsymbol{\sigma} = \mathbf{R}:d\Delta\boldsymbol{\epsilon} - \tfrac{1}{h}(\ &\mathbf{R}:\mathbf{g}\otimes\mathbf{f}:\mathbf{R} + \mathbf{R}:\mathbf{g}\otimes\mathbf{b}:\mathbf{R} + \\
+\ &\mathbf{R}:\mathbf{c}\otimes\mathbf{f}:\mathbf{R} + \mathbf{R}:\mathbf{c}\otimes\mathbf{b}:\mathbf{R}):d\Delta\boldsymbol{\epsilon}\ ,
\end{aligned} \tag{4.76}
$$

mit:

$$
h = \mathbf{f}:\mathbf{R}:\mathbf{g} + \mathbf{f}:\mathbf{R}:\mathbf{c} + \mathbf{b}:\mathbf{R}:\mathbf{g} + \mathbf{b}:\mathbf{R}:\mathbf{c} - \mathbf{k}:\mathbf{Q}_{\kappa}:\mathbf{g}_{\kappa}\ . \tag{4.77}
$$

Somit kann die konsistente Materialsteifigkeitsmatrix angegeben werden:

$$
\begin{aligned}
\mathbf{C}^{ep} = \frac{d\Delta\boldsymbol{\sigma}}{d\Delta\boldsymbol{\epsilon}} = \mathbf{R} - \tfrac{1}{h}(\ &\mathbf{R}:\mathbf{g}\otimes\mathbf{f}:\mathbf{R} + \mathbf{R}:\mathbf{g}\otimes\mathbf{b}:\mathbf{R} + \\
+\ &\mathbf{R}:\mathbf{c}\otimes\mathbf{f}:\mathbf{R} + \mathbf{R}:\mathbf{c}\otimes\mathbf{b}:\mathbf{R})\ .
\end{aligned} \tag{4.78}
$$

Es versteht sich von selbst, dass das Programmieren der Gleichung (4.78) die reine Freude war.

4.3 Stahlbeton
Reinforced Concrete

Für das Spannungs-Dehnungsverhalten von Beton gilt, dass sich die Spannungen im Stahlbetonquerschnitt aus den drei Anteilen:

- Betonspannung σ_c

- Stahlspannung σ_s

- Interaktionsspannung σ_{ia} infolge *tension stiffening*

zusammensetzen lassen (siehe Abb. 4.17). Die Betonspannungen werden mit dem Werkstoffgesetz von Abschnitt 4.2 berechnet. Für den Stahl gilt die eindimensionale Arbeitslinie von Abschnitt 4.1.2. Die Modellierung der Bewehrung erfolgt entweder über eine diskrete Darstellung der einzelnen Bewehrungsstäbe oder über eine verteilte Darstellung auf Elementebene. Meist wird letztere Methode verwendet. Hierbei wird die Bewehrung als eine Schicht in das übergeordnete Schalen- oder Balkenelement eingefügt, wobei die Dicke der Schicht dem Stabdurchmesser, dividiert durch den Stababstand entspricht. Die Steifigkeits- und Spannungsberechnung der Bewehrungslage erfolgt nur eindimensional in der Richtung der Bewehrungsführung. Zwischen Beton und Bewehrungsstahl wird fester Verbund angenommen.

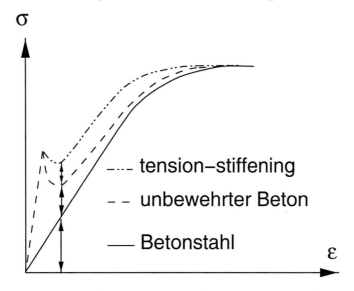

Abbildung 4.17: Spannungs-Dehnungslinie für Stahlbeton (nach MENRATH (1999))
Figure 4.17: Stress-strain relationship for reinforced concrete (from MENRATH (1999))

Durch die Bewehrung ändert sich auch die charakteristische Länge für die Festlegung des Zugversagens unter Berücksichtigung der Bruchenergie G_f. Anstelle von h wird nun in die Gleichung (4.5) der Wert l_s eingesetzt, für den gilt:

$$l_s = \min(h, s_{r,m}) . \tag{4.79}$$

Für den bewehrten Beton ist der mittlere Rissabstand $s_{r,m}$ ausschlaggebend und an Stelle von h in die Gleichung (4.5) einzusetzen, wenn $s_{r,m} < h$ ist. Der mittlere Rissabstand kann nach EC2 (1992) mit folgender Gleichung berechnet werden:

$$s_{r,m} = 50 + \tfrac{1}{4}k_1 k_2 \frac{\varnothing}{\varrho_r} \; [\,\text{mm}\,] . \tag{4.80}$$

k_1 ist der Beiwert zur Berücksichtigung des Einflusses der Verbundeigenschaften der Bewehrungsstäbe auf den Rissabstand:
$k_1 = 0.8$ für gerippte Stähle
$k_1 = 1.6$ für glatte Stähle.

k_2: ist der Beiwert zur Berücksichtigung des Einflusses der Dehnungsverteilung auf den Rissabstand:
$k_2 = 0.5$ für Biegung
$k_2 = 1.0$ für zentrischen Zug
Bei ausmittigem Zug oder für örtliche Nachweise sind Zwischenwerte $k_2 = \frac{\varepsilon_1 + \varepsilon_2}{2\varepsilon_1}$ einzusetzen, mit ε_1 der größeren und ε_2 der kleineren Zugdehnung an den Rändern des betrachteten Querschnittes.

$\varnothing$ bezeichnet den Stabdurchmesser der Bewehrung, bei Stabbündeln ist der Durchmesser eines äquivalenten Einzelstabes anzusetzen.

ϱ_r ist der wirksame Bewehrungsanteil, festgelegt durch folgende Beziehung:

$$\varrho_r = \frac{A_s}{A_{c,\text{eff}}} , \tag{4.81}$$

mit der Querschnittsfläche der Zugbewehrung A_s und dem wirksamen Betonquerschnitt $A_{c,\text{eff}}$, jener Betonfläche, die die Zugbewehrung umgibt (siehe Abb. 4.18).

Die Steifigkeit eines Stahlbetonquerschnittes wird im gerissenen Zustand wesentlich vom Mittragverhalten des Betons zwischen den Rissen beeinflusst. Je schwächer der Querschnitt bewehrt ist, umso größer ist der Beitrag der Betonzugspannungen zum inneren Gleichgewicht. Da Stahlbetonplatten in der Regel einen Bewehrungsgrad ϱ zwischen 0.2% und 0.8% aufweisen, also schwach bewehrt sind, kommt dem Zugversteifungseffekt (*tension-stiffening*-Effekt, TS) eine große Bedeutung zu. Die wesentlichen Einflussgrößen auf die Mitwirkung des Betons zwischen den Rissen (TS)

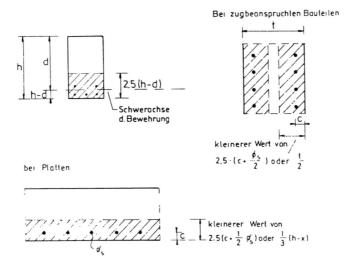

Abbildung 4.18: Wirksame Betonfläche $A_{c,\text{eff}}$, (MEHLHORN (1998))

Figure 4.18: Effective tension area $A_{c,\text{eff}}$, (MEHLHORN, 1998)

sind der Bewehrungsgrad ϱ, die Betonzugfestigkeit f_{ctm}, die Verbundeigenschaften des Bewehrungsstahles und der mittlere Rissabstand $s_{r,m}$. In der Literatur existieren zahlreiche TS-Ansätze, die alle von eindimensionalen Versuchsreihen ableitet werden. Einen guten Überblick liefert die Arbeit von PARDEY (1994). Zur Zeit gibt es jedoch noch keinen allgemeingültigen TS-Ansatz, der einer beliebigen Querschnittsgeometrie und Bewehrungsführung als auch einem mehraxialen Verzerrungszustand Rechnung tragen würde.

Im Rahmen eines *verschmierten* Rissmodells kann die Interaktionsspannung σ_{ia} über eine Spannungs-Dehnungs-Beziehung angegeben werden. Für die Spannungsberechnung am Querschnitt im Rahmen eines Schichtenmodells gibt es nun zwei Möglichkeiten, die Spannungen σ_{ia} zu berücksichtigen:

- Berücksichtigung bei den Stahlspannungen: Hier wird die Interaktionsspannung σ_{ia} zu den Stahlspannungen σ_s addiert.

- Berücksichtigung bei den Betonspannungen: Addition der σ_{ia} zu den Betonspannungen σ_c.

Die Berücksichtigung auf der Stahlseite führt nach dem Anreißen des Querschnittes zu einem plötzlichen Abfall der Betonspannungen und zu einem starken Anstieg bei den Stahlspannungen, was sich numerisch unvorteilhaft auswirkt. Deshalb ist es meist üblich, die Interaktionsspannungen auf der Betonseite einzurechnen. Hierbei lässt sich auch eine auftretende Richtungsabweichung zwischen der Bewehrungsrichtung und der Rissrichtung besser berücksichtigen.

4.3.1   TS-Ansatz 1
Tension Stiffening Function 1

Die meisten TS-Ansätze unterscheiden nicht zwischen der Betonspannung σ_c und
der Interaktionsspannung σ_{ia}, sondern geben eine einheitliche Kurve für beide Effekte, das *tension softening* und das *tension stiffening* an (siehe auch EC2 (1992)).
In der Konzeption dieser Arbeit ist es jedoch nötig, beide Tragmechanismen zu tren-
nen. Deshalb wird die Spannung σ_{ia} nach einem trilinearen Ansatz ähnlich jenem
von CERVENKA et al. (1990) behandelt und auf der Betonseite in Zughauptspan-
nungsrichtung angesetzt. Abbildung 4.19 zeigt den Verlauf der Funktion.

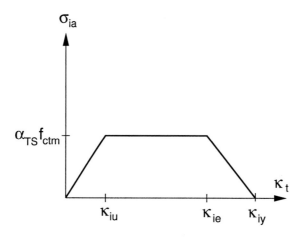

Abbildung 4.19: *Tension stiffening* Ansatz 1

Figure 4.19: Tension stiffening function 1

Der TS-Effekt setzt mit dem Reißen des Betons bei $\kappa_t = 0$ ein und steigt dann auf
sein Maximum bei κ_{iu}:

$$\kappa_{iu} = \frac{G_f}{s_{r,m} f_{ctm}} / \cos\theta \,, \tag{4.82}$$

wobei θ den Winkel zwischen der Bewehrung und der Hauptspannungsrichtung dar-
stellt. Für $\theta = 0$ entspricht κ_{iu} gleich dem Wert κ_u aus (4.5). Das Maximum von σ_{ia}
beträgt α_{ts} mal der Zugfestigkeit f_{ctm}, mit $0.4 \leq \alpha_{ts} \leq 0.6$ in Übereinstimmung
mit dem EC2 (1992).

Meist wird angenommen, dass der TS-Effekt bei Erreichen der Fließspannung im
Bewehrungsstahl bei $\kappa_t = \kappa_{iy} = \varepsilon_u / \cos^2\theta$ verschwindet. Deshalb sinkt σ_{ia} beginnend bei:

$$\kappa_t = \kappa_{ie} = \kappa_{iy} - \frac{\alpha_{ts} f_{ctm}}{\varrho_r E_s} / \cos^2\theta \tag{4.83}$$

wieder auf Null. Versuche weisen jedoch darauf hin, dass es durch Rissverzahnungs-effekte auch nach dem Erreichen der Fließdehnung im Stahl noch zu einer geringen Zugkraftübertragung im Beton kommt. Aus diesem Grund kann es erforderlich sein, der TS-Funktion bei Erreichen von κ_{iy} noch einen kleinen Restwert zuzuordnen.

4.3.2   TS-Ansatz $\boxed{2}$
Tension stiffening function $\boxed{2}$

Bei der Berechnung von Platten und Balken hat sich gezeigt, dass der TS-Ansatz $\boxed{1}$ die Traglast des Systems erhöht (siehe Abschnitt 4.4). Das ist darauf zurückzu-führen, dass der Ansatz $\boxed{1}$ für die Berechnung von Scheiben entwickelt wurde. Hierbei wird jedoch eine über die Querschnittsdicke konstante Spannungsverteilung erzielt. Bei Platten- und Balkenbiegung kommt es zu einer Spannungsverteilung wie in Abbildung 4.20. Betrachten wir vorerst nur das *tension softening*. Bei einer über die Querschnittshöhe linear verteilten Axialdehnung wird die unterste Faser gedehnt, der Beton reißt bei Überschreiten der Zugfestigkeit f_{ctm}, die Festigkeit dieser Faser nimmt nach dem *tension softening*-Gesetz von (4.5) rapide ab. Kurz unterhalb der Nullfaser erreicht dann die Betonspannung ihren maximalen Wert, da hier das *tension softening* noch nicht eingesetzt hat.

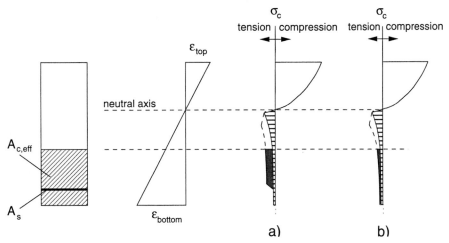

Abbildung 4.20: Spannungsverteilung σ_c über die Querschnittshöhe: a) *tension softening* (schraffiert) und TS-Ansatz $\boxed{1}$ (schwarz), b) *tension softening* (schraffiert) und TS-Ansatz $\boxed{2}$ (schwarz)
Figure 4.20: Stress distribution σ_c over the cross section: a) tension softening (dashed) and tension stiffening function $\boxed{1}$ (grey), b) tension softening (dashed) and tension stiffening function $\boxed{2}$ (black)

Die Verbundspannung σ_{ia} ist nur im Bereich $A_{c,\text{eff}}$ wirksam. Bei Erreichen der Zug-festigkeit des Bewehrungsstahles wird die Traglast des Querschnittes erreicht, das

tension stiffening muss demnach verschwindend gering werden. Durch die geringeren Betondehnungen zur Nullfaser hin weist die Verbundspannung nach dem TS-
Ansatz [1] jedoch noch immer den Maximalwert $\alpha_{ts} f_{ctm}$ auf. Deshalb liefert ein
TS-Ansatz mit einer schnelleren Steifigkeitsabnahme bessere Ergebnisse (siehe Abb.
4.21).

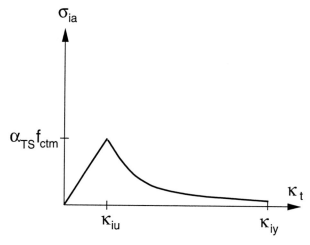

Abbildung 4.21: *Tension stiffening* Ansatz [2]

Figure 4.21: Tension stiffening function [2]

Für den TS-Ansatz [2] wird folgende Funktion gewählt:

$$\sigma_{ia} = \frac{\alpha_{ts} f_{ctm}}{\kappa_{iu}} \kappa \qquad \text{für} \qquad \kappa < \kappa_{iu}$$

$$\sigma_{ia} = \alpha_{ts} f_{ctm} \exp\left(-4\frac{\kappa - \kappa_{iu}}{\kappa_{iy}}\right) \qquad \text{für} \qquad \kappa \geq \kappa_{iu} \tag{4.84}$$

Die Parameter κ_{iu} und κ_{iy} berechnen sich gleich wie beim TS-Ansatz [1] .

Abschließend muss gesagt werden, dass der TS-Effekt noch nicht hinreichend er-
forscht ist und dass es hier noch einiger Arbeit bedarf, einen allgemeingültigen Ansatz für beliebige Verzerrungszustände zu finden.

4.4 Verifizierung des Betonstoffgesetzes
Verification of the concrete material model

Das vorgestellte Betonstoffgesetz wird nun an ausgewählten Beispielen verifiziert. Bei der Simulierung von Elementversuchen zur Überprüfung der numerischen Stabilität und zum allgemeinen Verhalten des Betonstoffgesetzes zeigten sich große numerische Schwierigkeiten. Diese traten vor allem beim Übergang vom Zug-/Druckbereich zum Druck-/Druckbereich auf. Aus diesem Grund kommt nun eine Stoffgesetzversion zum Einsatz, die lediglich das nichtlineare Verhalten des Betons im Zugbereich modelliert. Gerade in Hinsicht auf die Plattenberechnung ist dieser Schritt auch gerechtfertigt, da bei den herkömmlichen Bewehrungsgraden bei Plattenfundamenten das Zugversagen ausschlaggebend ist. Die Betondruckspannungen liegen immer unterhalb der Betondruckfestigkeit, meist sogar im elastischen Bereich.

Das erste Beispiel ist ein geschlitzter Balken, dann folgt die Nachrechnung einer einaxial gespannten Platte und anschließend einer zweiachsig gespannten Platte.

4.4.1 Unbewehrter Beton
Plain concrete

Die Modellierung des Tragverhaltens von unbewehrtem Beton soll anhand der Nachrechnung eines geschlitzten Balkens überprüft werden. Die Versuchsdaten stammen von SCHLANGEN (1993). Die Geometrie des sogenannten SEN-Balkens (SEN steht für Single Edge Notched) wird in Abbildung 4.22 dargestellt. Gleichzeitig wird hier auch die Vernetzung des Balkens aufgezeigt.

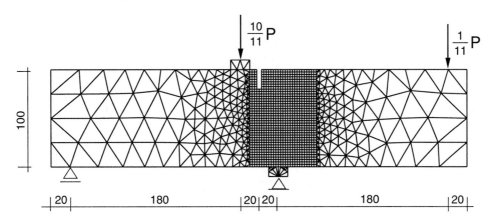

Abbildung 4.22: Geometrie und Vernetzung des SEN-Balkens

Figure 4.22: Geometry and FE-model of the SEN-beam

Der Prüfkörper weist die Abmessungen $440 \times 100 \times 100$ mm auf, mit einer Kerbe von 5 mm Breite und 20 mm Tiefe an der Mitte der Oberseite. Das Beispiel wurde als ebenes Problem modelliert. Der mittlere Bereich wurde durch vierknotige Kontinuumselemente für den ebenen Spannungszustand (CPS4) modelliert, da in diesem Bereich die Risse auftreten und sich die charakteristische Länge h für ein regelmäßiges Netz einfacher berechnen lässt. Die seitlichen Bereiche wurden mit dreiknotigen Elementen (CPS3) vernetzt, die einen leichteren Übergang von den grob vernetzten Randbereichen zum fein vernetzten Mittelteil ermöglichen. Die Lasteinleitung erfolgte beim Versuch über Metallstreifen von 20 mm Breite, die Krafteinleitung wurde über ein Hebelsystem so realisiert, dass die Mittellast $\frac{10}{11}P$ und die Randlast $\frac{1}{11}P$ beträgt (P ist die Gesamtlast). Für die numerische Simulation wurden nur die mittleren beiden Metallstreifen diskretisiert. Die Materialparameter für die Berechnung lauten:

Materialparameter des SEN-Balkens		
f_{cm}	36.5	$[\text{MN/m}^2]$
E_c	35000	$[\text{MN/m}^2]$
ν	0.15	$[-]$
f_{ctm}	2.8	$[\text{MN/m}^2]$
G_f	0.05	$[\text{MN/m}^2 \ \text{mm}]$

Da bei diesem Problem nur Zugversagen auftritt, wurden für die Parameter des Druckversagens die Standardwerte aus Abschnitt 4.2 eingesetzt und $G_c = \infty$ gesetzt. Die Berechnung erfolgte lastgesteuert mit Hilfe eines Pfadverfolgungsalgorithmus (RIKS-Algorithmus siehe ABAQUS (1999), Theory Manual). Ein Bild der verformten Struktur zeigt Abb. 4.23. Die im Versuch gemessene Verformungsgröße ist die gegenseitige vertikale Verschiebung der Rissufer, das sogenannte *crack mouth sliding displacement* (cmsd). Der Rissbeginn erfolgt vom rechten unteren Eck des Schlitzes aus und verläuft dann gekrümmt bis rechts neben die mittlere untere Auflagerplatte. Die Verzerrungen lokalisieren in den finiten Elementen des Rissbandes, in denen dann auch die größte Schädigung des Materials auftritt. Abbildung 4.24 zeigt einen Konturplot der internen Schädigungsvariable κ_t. Deutlich zu erkennen ist der Rissverlauf mit den Maximalwerten für κ_t. Der Rissverlauf entspricht genau demjenigen der Versuchsdurchführung. Auch die Traglast wird bei der Berechnung sehr gut wiedergegeben. In Abbildung 4.25 wird die Belastung über dem *cmsd* aufgetragen. Die Last steigt fast linear bis zum Erreichen der Maximallast. Nach dem Anriss kommt es zu einem starken Steifigkeitsabfall bis der Riss soweit fortgeschritten ist, dass es dann zu einer Trennung der beiden Balkenhälften kommt. Die Versuchswerte sind punktweise aufgetragen. Um den Einfluss der charakteristischen Länge auf die Berechnungsergebnisse zu demonstrieren, wurden zwei Berechnungen durchgeführt. Die dünne Linie steht für die Berechnung mit einem fixen Wert für die charakteristische Länge h, das heißt, h wurde gleich der

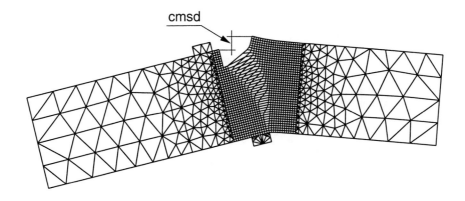

Abbildung 4.23: Verformung der Struktur, 50fach überhöht

Figure 4.23: Deformed SEN-beam, displacements enlarged by factor 50

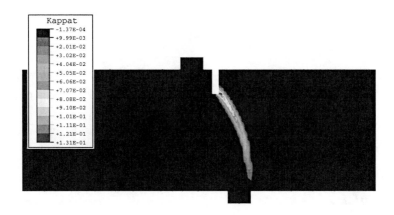

Abbildung 4.24: Schädigung κ_t

Figure 4.24: Damage distribution κ_t

Seitenlänge des finiten Elementes gesetzt. Es ist zu erkennen, dass die numerische Simulation ein etwas zu steifes Ergebnis liefert. Berechnet man die charakteristische Länge h entsprechend Abb. 4.7, dann vergrößert sich diese mit zunehmendem Winkel zwischen der Hauptzugspannungsrichtung und der Elementkante. Dadurch verkleinert sich die Fläche unter der Zugschädigungskurve und die Schädigung tritt schneller ein, was zu einer *weicheren* Systemantwort führt. Die dicke Kurve stellt die Traglastkurve für das berechnete h dar. Die Traglast wird fast exakt wiedergegeben, nach Erreichen der Maximallast folgt das Berechnungsergebnis den Versuchswerten noch sehr gut. Lediglich im letzten Bereich der Traglastkurve bleiben die Berech-

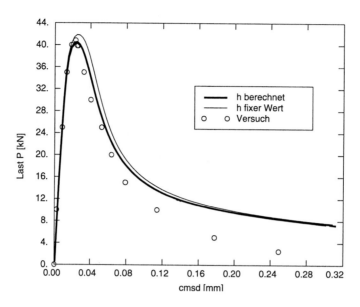

Abbildung 4.25: Last-Verschiebungsdiagramm für den SEN-Balken

Figure 4.25: Load-cmsd diagram for the SEN-beam

nungsergebnisse über den Versuchswerten. Durch eine aufwendigere Modellierung der Lasteinleitungs- und Auflagerungsbedingungen könnten sich hier noch bessere Ergebnisse erzielen lassen. Es kann jedoch behauptet werden, dass das verwendete Betonstoffgesetz das Tragverhalten von unbewehrtem Beton sehr gut wiedergibt.

4.4.2   Stahlbeton
Reinforced Concrete

In diesem Kapitel wird die Modellierung einer einachsig gespannten Stahlbetonplatte behandelt. Insbesondere wird auf die Modellierung des *tension stiffening* Effektes eingegangen, und es werden Parameterstudien zur Auffindung eines geeigneten Faktors für α_{ts} durchgeführt.

Einachsig gespannte Platte

Das dargestellte Problem illustriert die Modellierung von Stahlbeton und berücksichtigt das Reißen des Betons, die Interaktion von Beton und Bewehrungsstahl über den TS-Effekt und das Fließen der Bewehrung. Die Problemstellung basiert auf einem Versuch von JAIN und KENNEDY (1974). Das statische System des Plattenstreifens entspricht einem beidseitig gelenkig gelagerten Einfeldbalken, der durch zwei gleichwertige Linienlasten p belastet wird (Abb. 4.26). Dadurch erhält der Mittel-teil ein konstantes Biegemoment. Die Platte ist in Längsrichtung bewehrt, der Stab-durchmesser $\oslash = 4.8$ mm, der Stababstand beträgt 55 mm (Versuchsabmessungen in inch).

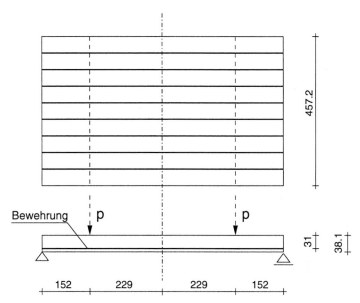

Abbildung 4.26: Einachsig gespannte Platte: Versuchsgeometrie, Maße in [mm]

Figure 4.26: Uniaxial reinforced slab: geometry, dimensions [mm]

Die Materialparameter werden der Arbeit von GILBERT und WARNER (1978) ent-nommen, die diese Platte ebenfalls numerisch analysiert haben, G_f wird nach (4.8) für das Größtkorn von 3.2 mm extrapoliert.

Materialparameter der Jain-Kennedy Platte		
Beton		
f_{cm}	32.0	$[\text{MN/m}^2]$
E_c	29000.	$[\text{MN/m}^2]$
ν	0.18	$[-]$
f_{ctm}	1.5-2.0	$[\text{MN/m}^2]$
G_f	0.02	$[\text{MN/m}^2 \text{ mm}]$
Stahl		
E_s	200000.	$[\text{MN/m}^2]$
f_y	220.0	$[\text{MN/m}^2]$
ϱ	0.0072	$[-]$

Die Zugfestigkeit wird nicht angegeben und muss abgeschätzt werden. Für den Bewehrungsstahl wird in Ermangelung genauerer Daten eine bilineare Arbeitslinie angenommen. Der mittlere Rissabstand berechnet sich nach (4.80) mit den Parametern $k_1 = 1.6$ (glatter Stahl), $k_2 = 0.5$ (Biegung), und $\varrho_r = 0.0216$ ($A_{c,\text{eff}} = \frac{1}{3}A_c$):

$$s_{r,m} = 50 + \tfrac{1}{4}1.6\,0.5\,\frac{4.8}{0.0216} = 188 \text{ mm} . \tag{4.85}$$

Daraus folgt, dass für die Berechnung die charakteristische Länge durch die Elementslänge gegeben ist, da $h = 38$ mm $< s_{r,m}$. Der Stahl wurde wärmebehandelt, um eine große Duktilität zu ereichen. Das FE-Modell umfasst eine Trägerhälfte, die

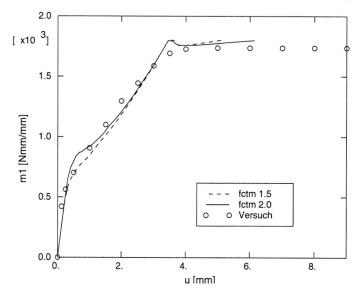

Abbildung 4.27: Biegemomenten-Verschiebungs-Diagramm, ohne TS

Figure 4.27: Beding moments, without Tension Stiffening

durch 5 quadratische Schalenelemente (S8R, isoparametrische quadratische achtknotige Schalenelemente mit reduzierter Integration) diskretisiert wurde. Über die Plattenhöhe werden 7 Integrationspunkte gewählt, um die nichtlineare Spannungsverteilung über die Querschnittshöhe adäquat beschreiben zu können. Die Bewehrung wird im Schalenelement durch eine Addition der eindimensionalen Steifigkeit in der jeweiligen Schichthöhe und in der jeweiligen Richtung der Bewehrung berücksichtigt. In der Mitte wurde ein Symmetrielager aufgebracht und am Rand ein Gleitlinienlager. Die Lasten werden über äquivalente Knotenkräfte eingebracht.

In Abbildung 4.27 wird das Linienmoment in Plattenmitte über der Mittenabsenkung aufgetragen. Die Punkte geben die Versuchsdaten wieder, die Linien entsprechen der Simulation. Hierbei wurde nur das *tension softening* behandelt. Nach einem steilen

Anstieg wird die Kurve nach dem Anreißen der Zugfaser etwas flacher. Nach zunehmendem Rissfortschritt wird die Traglast erreicht, und aufgrund des ausgeprägten Fließplateaus des Bewehrungsstahles kommt es zu fortschreitender Mittenabsenkung ohne weitere Lastaufnahme. Der durchgezogene Graph zeigt das Ergebnis der Simulation für eine Zugfestigkeit von 2.0 MN/m^2. Es zeigt sich, dass die Platte etwas später reißt als beim Versuch, durch das Anreißen kommt es zu einem Steifigkeitsabfall und somit zu einem Knick in der Momentenlinie. Mit zunehmender Belastung steigt das Moment weiter an, bis das Tragmoment erreicht wird, das etwas höher liegt als das gemessene. Danach kommt es zu einem weiteren Steifigkeitsabfall. Das Fliessplateau kann in der Simulation jedoch nicht nachvollzogen werden, da die Berechnung aufgrund numerischer Schwierigkeiten infolge des totalen Steifigkeitsverlustes abbricht.

Die strichlierte Kurve in Abb. 4.27 zeigt die Computerberechnung mit einer Zugfestigkeit von 1.5 MN/m^2. Dieser Wert entspricht in etwa dem 5%-Fraktilwert der Zugfestigkeit. Da es sich bei dieser Platte um ein größeres Bauteil handelt, kommt es sicher auch zu einer höheren Streuung der Festigkeitseigenschaften, womit die Verwendung des charakteristischen Wertes für die Zugfestigkeit f_{ctk} gerechtfertigt erscheint. Es zeigt sich, dass das Anrissverhalten nun besser nachvollzogen wird. Das Moment bei Traglast liegt gleich hoch wie bei der ersten Berechnung, die Berechnung stoppt kurz darauf. Für die nachfolgenden Berechnungen wird nun die Zugfestigkeit $f_{ct} = 1.5$ MN/m^2 verwendet.

Nun soll noch der TS-Effekt untersucht werden. Ein wesentlicher Unterschied zwischen der Versuchskurve und den Berechnungsergebnissen wird kurz nach dem Anreißen ersichtlich. Die Versuchskurve behält ihre negative Krümmung bei, es kommt in der Platte bei zunehmender Last durch die Verbundwirkung zwischen Beton und Bewehrung zu einer kontinuierlichen Steifigkeitsabnahme. Bei den Berechnungskurven kommt es nach dem Ausbilden des ersten Risses zu einem Steifigkeitsabfall, die Momentenkurve ist dann positiv gekrümmt. Dieser Steifigkeitsunterschied wird nun durch das Aufbringen der Verbundspannung σ_{ia} über die TS-Ansätze $\boxed{1}$ und $\boxed{2}$ verringert.

Für das TS wird die Gleichmaßdehnung mit 2.5% angenommen. Daraus folgen $\kappa_{iu} = 8.9 \cdot 10^{-5}$ und $\kappa_{iy} = 2.5 \cdot 10^{-2}$ (da die Hauptspannungsrichtung der Bewehrungsrichtung entspricht, ist $\cos\theta = 1$).

Da es sich bei der Bewehrung um glatte Stäbe handelt, muss die Verbundspannung σ_{ia} von untergeordneter Bedeutung sein. Deshalb wird $\alpha_{ts} = 0.2$ gesetzt. Abbildung 4.28 zeigt den Einfluss des TS-Effektes auf das Berechnungsergebnis. Die Punkte geben wieder die Versuchsergebnisse wieder, die durchgezogene Kurve zeigt das Mittenmoment unter alleiniger Berücksichtigung des *tension softening*. Die strichlierte Kurve zeigt das Ergebnis der Berechnung mit zusätzlicher Verwendung des TS-Ansatzes $\boxed{1}$. Nach dem Anriss beginnt die Interaktionsspannung zu wirken

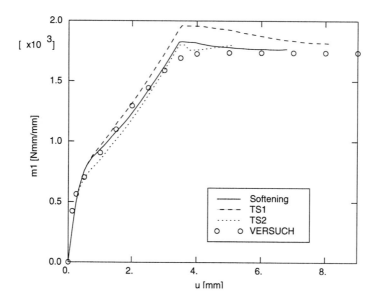

Abbildung 4.28: Biegemomenten-Verschiebungs-Diagramm, TS-Ansätze $\boxed{1}$ und $\boxed{2}$

Figure 4.28: Bending moments, tension stiffening equations $\boxed{1}$ *and* $\boxed{2}$

und erhöht somit die Zugfestigkeit der gerissenen Querschnittsbereiche um den konstanten Wert $\alpha_{ts} f_{ctm}$ bis kurz bevor in der Bewehrung die Fließdehnung erreicht wird. Es ist deutlich erkennbar, dass die TS-Funktion $\boxed{1}$ ein zu steifes Ergebnis liefert, da die Spannungserhöhung durch σ_{ia} zu groß ausfällt.

Die punktierte Kurve in Abb. 4.28 zeigt den Verlauf des Mittenmomentes unter Annahme des TS-Effektes nach Ansatz $\boxed{2}$. Der Verlauf der Versuchskurve wird nun verbessert nachgebildet. Die Traglast wird gegenüber jener Berechnung mit ausschließlicher Modellierung des *tension softening* nur geringfügig erhöht. Es lässt sich daher aus dieser Untersuchung ableiten, dass der TS-Ansatz $\boxed{2}$ besser dazu geeignet ist, das *tension stiffening* bei der Berechnung von Platten zu modellieren.

Ein genereller Aspekt resultiert aus der Modellierung des TS-Effektes: Dadurch dass die rapide Entfestigung des Betons unter Zugbeanspruchung etwas abgeschwächt wird, erhält man auch ein stabileres Konvergenzverhalten der FE-Lösung, die Berechnungen brechen zu einem späteren Zeitpunkt ab.

Zweiachsig gespannte Platte

Im Folgenden wird ein Versuch von MCNEICE nachgerechnet. Die Versuchsgeometrie der an den Ecken punktgestützten und in der Mitte durch eine Einzellast belastete quadratische Platte wird in Abbildung 4.29 dargestellt. Die Platte ist zweiachsig bewehrt, der Bewehrungsgrad ist mit $\varrho = 0.0085$ in beiden Richtungen angegeben.

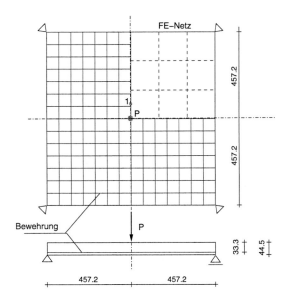

Abbildung 4.29: Geometrie der MCNEICE-Platte, Maße in [mm]
Figure 4.29: Geometry of the slab MCNEICE, dimensions [mm]

Die Materialparameter werden der Arbeit von GILBERT und WARNER (1978) entnommen:

Materialparameter der McNeice Platte		
Beton		
f_{cm}	32.0	$[\text{MN/m}^2]$
E_c	28600.	$[\text{MN/m}^2]$
ν	0.15	$[-]$
f_{ctm}	3.15	$[\text{MN/m}^2]$
G_f	0.052	$[\text{MN/m}^2 \text{ mm}]$
Stahl		
E_s	200000.	$[\text{MN/m}^2]$
f_y	345.0	$[\text{MN/m}^2]$
ϱ	0.0085	$[-]$

Unter Ausnutzung der Symmetrie wird ein Viertel der Platte mit einem 3×3 Netz von 8-knotigen Schalenelementen (S8R) diskretisiert, über die Dicke werden 7 Integrationspunkte festgelegt. Die Bewehrung wird über die Elementsbreite *verschmiert* und in der gegebenen Querschnittshöhe durch ihre Steifigkeit im Schichtenmodell des Schalenelementes berücksichtigt. An den zwei Symmetrielinien werden Symmetrielager aufgebracht, am Randknoten wird die vertikale Verschiebung gesperrt.

Der mittlere Rissabstand ergibt sich nach (4.80) mit den Parametern $k_1 = 1.6$ (glatter Stahl), $k_2 = 0.5$ (Biegung), und $\varrho_r = 0.0255$ ($A_{c,\text{eff}} = \frac{1}{3}A_c$):

$$s_{r,m} = 50 + \tfrac{1}{4}1.6\,0.5\,\frac{4.8}{0.0255} = 201 \text{ mm} , \qquad (4.86)$$

wobei der Bewehrungsquerschnitt mit $\oslash = 4.8$ mm angenommen wurde. Die charakteristische Länge wird somit über die Netzgeometrie unter Berücksichtigung der ersten Hauptspannungsrichtung analog zu Abbildung 4.7 berechnet.

Der TS-Effekt wird in Richtung der ersten Hauptspannung berücksichtigt. Neben der isotropen Entfestigung wird also auch der TS-Effekt isotrop behandelt. Um den Einfluss des *tension stiffening* auf die Berechnungsergebnisse zu untersuchen, wird α_{ts} mit 0.2, 0.3 und 0.4 angesetzt, es kommt ausschließlich der TS-Ansatz $\boxed{1}$ zur Anwendung.

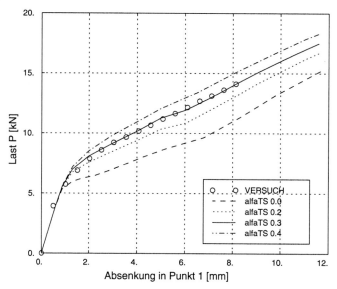

Abbildung 4.30: Kraft-Verformungslinie der MCNEICE-Platte

Figure 4.30: Load deflection curve for the slab tested by MCNEICE

Die Last-Verschiebungskurven der Berechnungen und des Versuches werden in Abbildung 4.30 wiedergegeben. Die Punkte stellen die Versuchsergebnisse dar. Da der Versuch vor Erreichen der Traglast der Platte abgebrochen wurde, gehen die Simulationsergebnisse über das Lastniveau des Versuches hinaus. Die strichlierte Kurve gibt das Berechnungsergebnis bei Vernachlässigen des TS-Effektes an, also $\alpha_{ts} = 0$. Man erkennt deutlich, dass hier die Steifigkeit der Platte stark unterschätzt wird. Für $\alpha_{ts} = 0.2$ (punktierte Kurve) wird das Tragverhalten der Struktur schon besser wiedergegeben, am besten werden die Versuchswerte für $\alpha_{ts} = 0.3$ nachgebildet. Für $\alpha_{ts} = 0.4$ wird die Berechnung zu steif.

Es zeigt sich, dass das Betonstoffgesetz das Kraft-Verformungsverhalten von schwach bewehrten Stahlbetonplatten gut nachbilden kann. Die Modellierung des TS-Effektes hat jedoch einen großen Einfluss auf die Berechnungsergebnisse. Es zeigt sich vor allem die Schwierigkeit, diesen Effekt in einer allgemeingültigen Form *a priori* festzulegen.

Kapitel 5

Boden-Bauwerk-Interaktion
Soil Structure Interaction

Das Zusammenwirken von Plattenfundament und Gründung wird in diesem Kapitel anhand von Berechnungsbeispielen erläutert. Schon in der Einleitung wurde auf das erste Beispiel in DIN 4018 Beiblatt 1 (1981) Bezug genommen. Die diesem Beispiel zugrunde gelegte Geometrie und Belastung wird hier verwendet. Lediglich die Aushubentlastung wird nicht simuliert, da die verschiedenen zur Anwendung kommenden Bodenstoffgesetze unterschiedlich auf Entlastung reagieren und die Berechnungsergebnisse somit besser vergleichbar bleiben. Der Einfachheit halber wird das Fundament direkt an der Geländeoberkante angeordnet und es findet kein Grundwasserandrang statt.

Um die Problemstellung anschaulicher zu machen, wird wie in DIN 4018 Beiblatt 1 (1981) vorerst nur das *ebene* Problem betrachtet, das heißt es wird ein Schnitt orthogonal zu den aussteifenden Wänden geführt, die eigentlich dreidimensionale Aufgabenstellung wird in einen ebenen Formänderungszustand übergeführt.

Abbildung 5.1 zeigt die symmetrischen Abmessungen und Belastungsverteilungen der untersuchten Gründungsplatte. Aus diesem Grund werden die Berechnungen am halben System durchgeführt. In Tabelle 5 werden die Belastungen und die Materialkennwerte angegeben. Da bei der Aufgabenstellung keine über den E-Modul hinausgehenden Angaben für den verwendeten Beton gemacht werden, werden den Berechnungen die für Plattenfundamente üblichen Materialien Beton B30 und Baustahl BSt 420 zugrunde gelegt. Für den Stahl wird der Parameter m für die Gleichmaßdehnungen von 2.5% und 5.0% angegeben, der für die Arbeitslinie nach (4.4) benötigt wird. Die setzungsmaßgebliche Bodenschicht besteht aus dicht gelagertem Sand von 5 m Mächtigkeit, darunter befindet sich eine Felsschicht, die als starr angesehen und somit in der Berechnung nur in den Lagerungsbedingungen berücksichtigt wird. Für die Berechnungen wird Karlsruher Sand angenommen, da für diesen alle notwendigen Materialparameter vorliegen.

Die Platte wird durch ihr Eigengewicht g und eine Nutzlast p beansprucht. Die Lasten der übergeordneten Bauwerksstruktur werden in die Stützen über die Lasten P_i eingeleitet. Bei den Lastannahmen im Beiblatt zur DIN 4018 ist das Gewicht der

Beispiel 1 aus DIN 4018 Beiblatt 1		
Belastungen		
P_1	200.0	[N/mm]
P_2	300.0	[N/mm]
p	0.005	$[\text{MN/m}^2]$
g	0.010	$[\text{MN/m}^2]$
Beton		
f_{cm}	32.0	$[\text{MN/m}^2]$
E_c	30000.	$[\text{MN/m}^2]$
ν	0.15	$[-]$
f_{ctk}	1.8	$[\text{MN/m}^2]$
f_{ctm}	2.6	$[\text{MN/m}^2]$
G_f	0.0656	$[\text{MN/m}^2 \ \text{mm}]$
Stahl		
E_s	200000.	$[\text{MN/m}^2]$
f_{yk}	420.0	$[\text{MN/m}^2]$
f_{tk}	500.0	$[\text{MN/m}^2]$
$m(\varepsilon_{uk} = 2.5\%)$	13.88	$[-]$
$m(\varepsilon_{uk} = 5.0\%)$	18.17	$[-]$
Karlsruher Sand		
e_0	0.55	$[-]$
γ_s	$19. \cdot 10^{-6}$	$[\text{N/mm}^3]$

Tabelle 5.1: Kennwerte für Beispiel 1

Table 5.1: Parameters for example 1

Stützen in die Lasten P_i eingerechnet. Da sich aus der Angabe nicht herauslesen lässt, wie groß der Anteil der Nutzlasten an der Gesamtbelastung ist, werden die Lasten nicht, wie in den neuen Normen üblich, mit Teilsicherheitsfaktoren multipliziert. In den folgenden Berechnungen werden somit alle Nachweise auf Gebrauchslastniveau geführt.

Es sollen nun die für die Bemessung notwendigen Biegemomente der Gründungsplatte und die Setzungen berechnet werden. Ausgehend von den elastischen Berechnungsmethoden (elastischer Plattenstreifen auf elastischer Bettung und auf elastischem Kontinuum), wird sodann der Einfluß der Nichtlinearität des Bodenverhaltens unter Anwendung der Bodenstoffgesetze von Kapitel 3 untersucht. Im Anschluss daran wird das nichtlineare Verformungsverhalten des Betons über das Betonstoff-

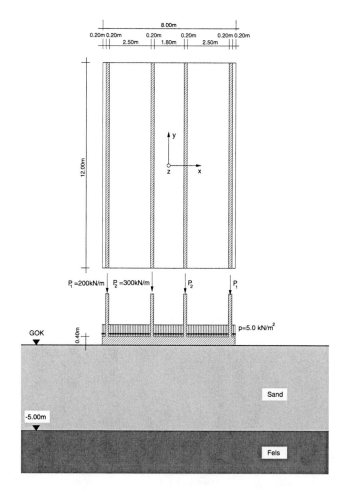

Abbildung 5.1: Grundriss und Querschnitt der untersuchten Plattengründung, Maße in Meter

Figure 5.1: Horizontal and vertical section of the investigated mat foundation

gesetz von Kapitel 4 berücksichtigt.

5.1 Elastisches Fundament
Elastic foundation

Einen guten Überblick über die elastischen Berechnungsmethoden von Flächengründungen liefern GRASSHOFF und KANY (1992). Beginnend beim Bettungsmodulverfahren wird der Boden durch immer realistischere Modelle beschrieben. Das Plattenfundament wird der Reihe nach auf einer elastischen Bettung, einem elastischen Kontinuum, einem linear-elastisch, ideal-plastischen Kontinuum und zuletzt auf einem hypoplastischen Kontinuum gegründet.

5.1.1 Bettungsmodulverfahren
Elastic spring model

Bei der Berechnung einer Flachgründung nach dem Bettungsmodulverfahren werden die setzungsmaßgeblichen Bodenschichten durch Federn ersetzt. Der Sohldruck σ_0 unter einem Flächenelement der Gründung ist dann proportional zur Federsteifigkeit des Bodens k_s (Bettungsmodul) und zur Setzung s:

$$\sigma_0 = k_s s \, . \tag{5.1}$$

Diese von WINKLER (1867) angenommene Gesetzmäßigkeit wurde dann von ZIMMERMANN (1930) für die Berechnung des Eisenbahnoberbaus genützt. Mit Hilfe der Beziehung (5.1) können für die elastisch und durchgehend auf Schwellen gelagerten, unendlich langen Schienen geschlossene Formeln für die Schwellendrücke und Schnittkräfte der Schienen hergeleitet werden. Hieraus ergibt sich schon das große Manko für die Anwendung des Bettungsmodulverfahrens auf die Berechnung von Flächengründungen: Die Theorie wurde für unendlich lange Balken entwickelt und Plattenfundamente sind in ihren Abmessungen begrenzt! Das führt besonders im Randbereich der Plattengründung zu einer unrealistischen Wiedergabe des Setzungsverhaltens.

In der Folge wurden zahlreiche Verbesserungen des Bettungsmodulverfahrens entwickelt, die jedoch alle in die Richtung der Lösung des Poblems für den elastischen Halbraum abzielen, und auf die hier nicht näher eingegangen wird.

Die Umsetzung des Bettungsmodulverfahrens in einen FE-Programmcode ist sehr einfach, es werden die Knotenpunkte der finiten Elemente orthogonal zur Mittelfläche durch Federelemente gelagert, deren Steifigkeit dem Bettungsmodul entspricht. Durch diesen Ansatz findet automatisch ein Übergang der Theorie vom unendlich langen Balken auf ein räumlich begrenztes Flächentragwerk statt. Es werden nur die Setzungen direkt unter dem Bauwerk berücksichtigt, direkt neben dem Bauwerk sind diese gleich Null, was im Randbereich wieder zu einer unrealistischen Setzungsmulde führt.

Bestimmung des Bettungsmoduls

Der Bettungsmodul k_s ist nach Umformung von (5.1) an jeder beliebigen Stelle der Gründungssohle durch die Sohlspannung und die hier vorhandene Setzung gegeben:

$$k_s = \frac{\sigma_0}{s} \,. \tag{5.2}$$

Der Bettungsmodul wird als Konstante verstanden, obwohl er von der Lastintensität und über die Setzung indirekt von den Abmessungen der Flächengründung und deren Biegesteifigkeit abhängig ist. Deshalb weist er unter dem Fundament nicht, wie meist fälschlich angenommen, einen konstanten Wert auf. Um k_s im vorhinein bestimmen zu können, müsste man sowohl den Spannungsverlauf von σ_0 als auch die Setzungen kennen, die sich jedoch erst aus den Berechnungsergebnissen bestimmen lassen.

Es wird hier jedoch nicht versucht, eine möglichst genaue Verteilung des Bettungsmoduls zu bestimmen, es soll vielmehr der in der Berechnungspraxis übliche Weg beschritten werden.

Ausgehend von den Versuchswerten der Druck-Setzungs-Kurve des Ödometerversuches von Abbildung 3.28 wird der Steifemodul E_s über die mittlere Sohlspannung σ_{01} unter dem Eigengewicht der Platte und die mittlere Sohlspannung σ_{02} unter Gebrauchslast zusammen mit den zugehörigen Verzerrungen ε_1 und ε_2 bestimmt:

$$\begin{aligned}
\sigma_{01} &= -g = -0.01 \text{ MPa} \\
\sigma_{02} &= \frac{2(P_1 + P_2)}{b} + p + g = -0.140 \text{ MPa} \,,
\end{aligned} \tag{5.3}$$

und die Verzerrungen belaufen sich auf $\varepsilon_1 = -0.25\%$ und $\varepsilon_2 = -1.05\%$. Damit folgt der Steifemodul zu:

$$E_s = \frac{0.140 - 0.01}{0.0105 - 0.0025} = 16.25 \text{ MPa} \,. \tag{5.4}$$

Für die Bestimmung des mittleren Bettungsmoduls k_{sm} wird noch die mittlere Setzung s_m des Fundamentes benötigt. Diese wird nach DIN 4019 T1 (1979) im *kennzeichnenden Punkt* der Gründungsplatte berechnet:

$$s_m = \kappa \frac{\sigma_1 b f}{E_s} \tag{5.5}$$

mit dem Korrekturbeiwert $\kappa = \frac{2}{3}$ für Sand, und dem Formbeiwert $f = 0.409$ (aus Bild 15, GRASSHOFF und KANY (1992)) und $\sigma_1 = \sigma_{02}$ folgt dann $s_m = 18.8$ mm. Der mittlere Bettungsmodul lautet somit:

$$k_{s,m} = \frac{\sigma_{0,m}}{s_m} = \frac{0.140}{18.8} = 0.00745 \text{ N/mm}^3 \,. \tag{5.6}$$

Diskretisierung

Es erfolgt die Lösung des Anfangsrandwertproblemes einer Flächengründung für den ebenen Formänderungszustand. Aus dem dreidimensionalen Gründungssystem wird aus der x-z-Ebene (Abb. 5.1) eine Scheibe der Dicke 1 herausgeschnitten. Die Randbedingung $\varepsilon_z = 0$ impliziert, dass an den Rändern der Plattenelemente die Rotation um die x-Achse gesperrt werden muss. In den meisten FE-Programmen existieren jedoch keine Plattenelemente für den ebenen Formänderungszustand, und es wird meist mit Balkenelementen gearbeitet, die dieser Randbedingung jedoch nicht genügen.

Aus der Theorie der Flächentragwerke ist zudem bekannt, dass die Durchbiegung einer unendlich breiten Einfeldplatte um $(1 - \nu^2)$ mal kleiner ist als die Durchbiegung des Einfeldbalkens. Aus diesem Grund wird zuerst die Platte unter Verwendung

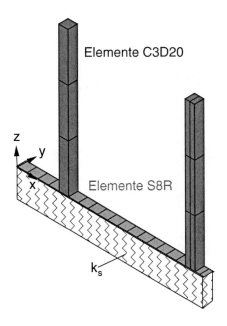

Abbildung 5.2: Diskretisierung mit Schalenelementen

Figure 5.2: Discretization with shell elements

von 21 8-knotigen Schalenelementen (Typ S8R, achtknotiges doppelt gekrümmtes Schalenelement mit reduzierter Integration) diskretisiert, also *räumlich* und nicht als *ebenes* Problem dargestellt. Die Wände werden durch 20-knotige räumliche Kontinuumselemente mit biquadratischem Verschiebungsansatz modelliert. Um ein numerisch ungünstiges Seitenverhältnis beim Plattenelement zu vermeiden, wird die Erstreckung in y-Richtung nicht mit 1, sondern mit 200 mm angesetzt. Eine Darstellung des FE-Netzes zeigt Abbildung 5.2. Die Platte wird durch ihre Mittelfläche dargestellt, die Plattendicke wird im Modell nicht dargestellt. In der Symmetrieebene ($x = 0$) wird ein Symmetrielager angesetzt, in den x-z-Ebenen mit $y = 0$ und $y = 200$ mm werden die Verformungen in y-Richtung und die Verdrehungen um die x-Achse gesperrt. Die Wandoberseiten werden zusätzlich in x-Richtung gehalten.

Zum Vergleich wird die Platte auch mit Balkenelementen modelliert. Anstatt der 21 Schalenelemente werden ebensoviele dreiknotige Balkenelemente eingesetzt. Die Wände werden durch zweidimensionale, 8-knotige Kontinuumselemente für den ebenen Formänderungszustand (CPE8) diskretisiert.

Als Materialkennwerte werden für die elastische Berechnung nur der E-Modul und die Querdehnzahl des Betons aus Tabelle 5 und der Bettungsmodul aus (5.6) benötigt.

Biegemomente und Setzungen

Im ersten Lastschritt wird das Eigengewicht der Platte aufgebracht, im zweiten Lastschritt werden die Gleichlast p und die Wandlasten P_1 und P_2 angesetzt. Die folgenden Abbildungen 5.3 und 5.4 zeigen das Biegemoment und die Biegelinie bei Gebrauchslast.

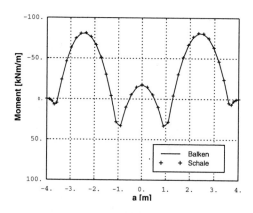

Abbildung 5.3: Biegemomente

Figure 5.3: Bending moment distribution

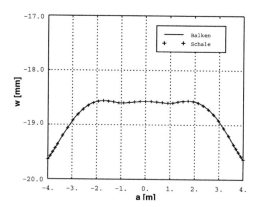

Abbildung 5.4: Biegelinie

Figure 5.4: Deflection line

Die durchgezogenen Linien entsprechen den mit dem Balkenmodell erzielten Lösungen und die Kreuze denjenigen des Schalenmodells. Auffallend ist, dass es keine augenfälligen Unterschiede zwischen den Berechnungsergebnissen der beiden Modelle gibt. Vergleicht man die Zahlenwerte, so liegt der Unterschied bei 0.1%. Der Einfluss der Querdehnungsbehinderung beim Schalenmodell ist also beim gebetteten Träger zu vernachlässigen, es kann in Zukunft mit dem Balkenmodell gearbeitet werden, was eine große Vereinfachung bei der Modellierung mit sich bringt.

Es wird nun noch die Modellierung der Lasteinleitung untersucht. Bei der üblichen Berechnung von Plattenfundamenten wird meist nur die Platte modelliert, die aufgehenden Bauwerksteile bleiben bei der Diskretisierung unberücksichtigt (siehe auch DIN 4018 Beiblatt 1 (1981)). Die Belastung der Platte wird dann durch Einzellasten am System aufgebracht. Die Drehsteifigkeit der in die Platte eingespannten Wände wird unberücksichtigt gelassen. Aus diesem Grund werden in den Abbildungen 5.5 und 5.6 die Lösungen für die Einbringung der Lasten über die Wände (durchgezogene Linien) und über Gleichlasten ohne Modellierung der Wände (strichlierten Linien) dargestellt.

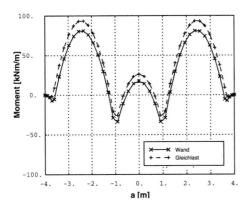

Abbildung 5.5: Biegemomente

Figure 5.5: Bending moments

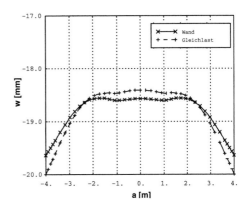

Abbildung 5.6: Biegelinie

Figure 5.6: Deflection line

Hier besteht ein großer Unterschied der Ergebnisse, die Modellierung der Wände übt also einen großen Einfluss auf die Ausbildung der Biegelinie und somit auf die Verteilung der Biegemomente aus. Da die Modellierung des statischen Systems mit den Wänden das realistischere Modell darstellt, werden bei den kommenden Berechungen die Wände immer berücksichtigt.

Die Interpretation der Ergebnisse erfolgt erst durch die Gegenüberstellung mit jenen der Bodenmodellierung nach der Elastizitätstheorie.

5.1.2 Elastisches Kontinuum
Elastic Continuum

Die nächste, nach dem Bettungsmodulverfahren wirklichkeitsgetreuere Berechnungs-
methode ist das Steifemodulverfahren. Hierbei ist die Setzung in einem betrachteten
Plattenpunkt nicht nur von der Sohlspannung direkt unter diesem Punkt, sondern
auch von der Sohlspannungsverteilung in den benachbarten Punkten abhängig. Dadurch wird die Setzungsmulde realistischer als beim Bettungsmodulverfahren wiedergegeben. Die Lösung des Anfangsrandwertproblems nach dem Setzungsmodul-
verfahren liefert die Ergebnisse nach der Theorie des elastisch-isotropem Halbraumes mit unendlicher Schichtdicke. Über die Verwendung des Steifemoduls E_s lassen
sich geschlossene Lösungen angeben, wobei sich in der Praxis jedoch die flexible-
ren diskreten, numerischen Lösungen durchgesetzt haben. Der Steifemodul lässt sich
mit Hilfe des Elastizitätsmoduls E und der Querdehnzahl ν ausdrücken:

$$E_s = \frac{E\,(1 - \nu)}{1 - \nu - \nu^2} \quad [\text{MPa}]\,. \tag{5.7}$$

Am Rand des Plattenfundamentes kommt es aufgrund der Singularität in der Belastung zu theoretisch unendlich großen Sohlspannungsspitzen. Bei der Verwendung
von diskreten Lösungen werden diese nur erreicht, wenn die Elementsteilung am
Plattenrand genügend fein gewählt wird. Die Verfechter des Steifemodulverfahrens
plädieren jedoch für eine gröbere Elementsteilung, da diese Spannungsspitzen aufgrund des mechanischen Bodenverhaltens so nicht auftreten können. Durch eine ge-
wollt herbeigeführte Rechenungenauigkeit über die Diskretisierung wird somit nicht
das ursprüngliche Randwertproblem mit der Theorie des elastischen Halbraumes
gelöst. Durch eine praktische Überlegung werden die Ergebnisse in eine Richtung
verändert, wie sie nur durch eine realistischere Modellierung des Bodens über nichtlineare Stoffgesetze erreicht werden können. Ab welcher Elementsteilung sich dieser
ingenieurmäßige Ansatz ad absurdum führt, kann eigentlich nur über die Nachrechnung mit höherwertigen Ansätzen beurteilt werden.

In dieser Arbeit wird jedoch die Bodenmodellierung mit dem elastischen Kontinuum
theoriegerecht durchgeführt. Anstelle des Steifemodulverfahrens wird das elastische
Kontinuum im Rahmen der FEM modelliert. Statt des Steifemoduls werden hierbei
der Elastizitätsmodul E und die Querdehnzahl ν von Tabelle 5 verwendet. Die Netz-
teilung am Rand wird so gewählt, dass eine weitere Verfeinerung keine Änderung in
den Ergebnissen bewirkt. Das bedeutet, dass zuerst eine Netzstudie zu erfolgen hat,
um jenes ausreichend feine FE-Netz zu finden.

Diskretisierung und Belastung

Beim ersten Netz (Abb. 5.7) wird in Längsrichtung die Diskretisierung des dreidimensionalen Netzes von Abbildung 5.2 übernommen. Beim ersten Netz wird der Randbereich neben der rechten Wand durch zwei Elemente abgebildet, beim zweiten Netz durch vier Elemente. Zur besseren Darstellung werden die Elemente *geschrumpft* abgebildet. Die Diskretisierung des Bodens richtet sich in horizontaler Richtung nach jener der Bodenplatte, die horizontale Erstreckung des elastischen Kontinuums beträgt das Dreifache des Plattenabschnittes, die Höhe ist durch die Mächtigkeit der Sandschicht mit 5 m begrenzt. In der Symmetrieachse werden die horizontalen Verschiebungen der Bodenelemente und die Rotation des Balkenelementes gesperrt, bei $x = 12$ m die horizontalen Verschiebungen. An der Kontakt-

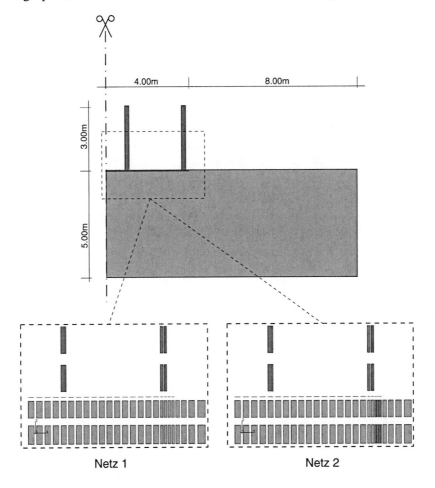

Abbildung 5.7: Zweidimensionale Diskretisierung

Figure 5.7: Two-dimensional discretization

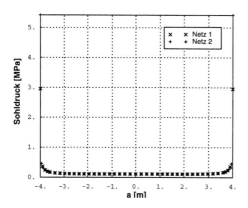

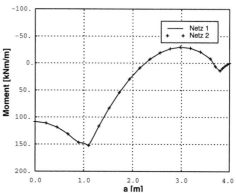

Abbildung 5.8: Sohldruckverteilung in Abhängigkeit von der Diskretisierung
*Figure 5.8: Contact pressure depending on the
discretization*

Abbildung 5.9: Biegemomente
Figure 5.9: Bending moments

fläche der Sandschicht mit der Felsschicht bei $z = -5$ m werden die vertikalen
Verschiebungen gesperrt.

In Abbildung 5.8 wird die Verteilung des Sohldruckes in Abhängigkeit von der Netz-
wahl dargestellt. Im Innenbereich der Platte liegt bei beiden Netzen ein fast konstanter Sohldruck von 0.12 MPa vor, im Randbereich steigen die Werte stark an. Für
das erste Netz beträgt der maximale Sohldruck 2.96 MPa, für das zweite fast das
Doppelte, nämlich 5.24 MPa. Obwohl die Sohldrücke am Rand stark voneinander
abweichen, ist der Einfluss auf die Biegemomente sehr gering (Abb. 5.9). Aus diesem Grund wird das erste Netz für die nachfolgenden Berechnungen herangezogen,
eine weitere Verfeinerung in der Elementsteilung am Rand der Platte führt zu keiner
Genauigkeitssteigerung.

Im ersten Lastschritt wird das K_0-Spannungsfeld, das die Anfangsspannungsver-
teilung im Boden infolge Eigengewicht des Bodens beschreibt, aufgebracht (siehe
Abschnitt 3.4.2). Im zweiten Berechnungsschritt wird das Eigengewicht der Fundamentplatte aktiviert, und im dritten Schritt werden die Nutzlasten p, P_1 und P_2
aufgebracht.

Vergleich der elastischen Berechnungen

In Abbildung 5.10 werden die Setzungskurven der Fundamentplatte in Abhängigkeit von der Bodenmodellierung gezeigt, in Abbildung 5.11 die Biegemomente. Die
Kurve mit * Punkten entspricht der Lösung mit Hilfe des Bettungsmodulverfahrens,
die Kurve mit + Punkten jener der mit dem elastischen Kontinuum erzielten Lösung.
Auffallend ist die konkave Form der Setzungslinie beim elastischen Kontinuum und

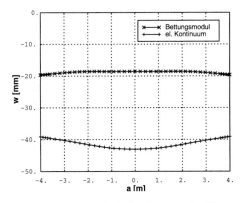

Abbildung 5.10: Vertikale Verformung der Platte

Figure 5.10: Deflection of the slab, comparison of the spring model and the continuum model

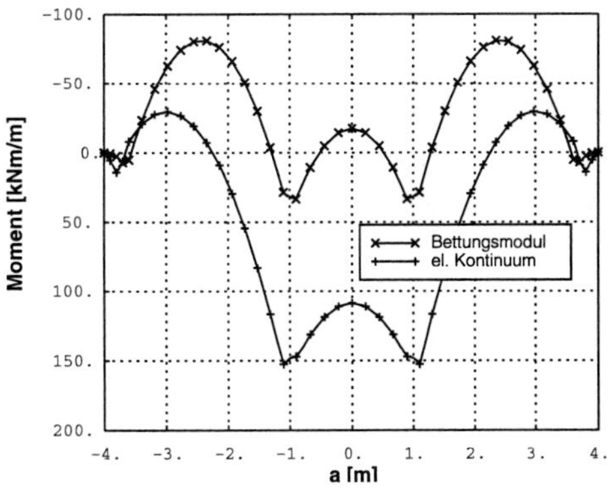

Abbildung 5.11: Biegemomente

Figure 5.11: Bending moments, comparison of the spring model and the continuum model

die konvexe Form beim Federmodell. Aufgrund des Federansatzes und wegen des fehlenden Einflusses des dem Plattenrand benachbarten Bodens zeigt sich beim Bettungsmodulverfahren eine fast gleichförmige Setzung der Platte. Die vertikale Verformung nimmt zu den Plattenrändern hin zu. Beim elastischen Kontinuum werden die mittleren, höher belasteten Bereiche stärker abgesenkt, die Absenkung in den Randbereichen wird durch den höheren Widerstand des Bodens durch die Modellierung als elastisches Kontinuum vermindert. In Erwartung einer *Setzungsmulde* erscheinen die Durchbiegungen, die mit der elastischen Kontinuumslösung erzielt werden, realistischer.

Bei der Gegenüberstellung der Momentenlinien treten erstaunliche Unterschiede zutage. Nach dem Bettungsmodulverfahren treten fast nur Feldmomente auf, nach der Lösung mit dem elastischen Kontinuum fast nur Stützmomente. Es drängt sich der Gedanke auf, dass eine realistische Lösung des Randwertproblems Ergebnisse liefern muss, die zwischen den beiden oben genannten Verfahren liegen. Das Bettungsmodulverfahren liefert zu große Randsetzungen und das elastische Kontinuum zu kleine. Realistischerweise werden die Randsetzungen durch die Verwendung eines nichtlinearen Werkstoffmodells für den Boden größer als beim elastischen Stoffgesetz, da die großen Spannungsspitzen beim Sohldruck durch eine Umlagerung der Spannungen im Boden abgebaut werden und die Steifigkeit des Bodens dadurch verringert wird. Die relative Randsetzung wird jedoch mit Sicherheit geringer ausfallen als beim Bettungsmodulverfahren. Zudem werden die maximalen Feld- und Stützmomente durch die Umlagerung der Spannungen in der Platte aufgrund des nichtlinearen Betonverhaltens verringert.

5.1.3 Nichtlineare Bodenmodelle
Nonlinear soil material models

In diesem Abschnitt wird der Einfluss der Verwendung nichtlinearer Bodenmodelle auf die Verformungen und Biegemomente der elastischen Fundamentplatte untersucht. Einerseits soll der Boden mit dem linear-elastischen, ideal-plastischen MOHR-
COULOMB-Stoffgesetz, andererseits mit den beiden hypoplastischen Stoffgesetzen
modelliert werden.

Stoffparameter

Die Stoffparameter für den Karlsruher Sand mit dichter Lagerung werden für die
hypoplastischen Stoffgesetze Hypo1 und Hypo2 direkt vom Abschnitt 3.4.1
übernommen.

Sie lauten für das Stoffgesetz Hypo1 :

Porenzahl	C_1	C_2	C_3	C_4
$e_0 = 0.55$	-110.15	-963.73	-877.19	1226.2

Die Materialparameter des Stoffgesetzes Hypo2 sind:

$\phi_c\,[°]$	$h_s\,[\mathrm{MN/m^2}]$	n	e_{i0}	e_{c0}	e_{d0}	α	β
30	41155	0.20	0.53	0.84	0.97	0.12	1.0

Für das Stoffgesetz MC wird der Elastizitätsmodul über den Steifemodul von
(5.4) mit der Querdehnzahl $\nu = 0.33$ nach (3.74) berechnet. Die anderen Parameter
können unverändert übernommen werden.

Die Stoffkonstanten für das Stoffgesetz MC lauten somit:

$c\,[\mathrm{kPa}]$	$\varphi\,[°]$	$\psi\,[°]$	$E\,[\mathrm{kPa}]$	ν
0	38	13	10968	0.33

Die Berechnungen wurden mit dem Netz 1 von Abbildung 5.7 durchgeführt, die
Lastfälle entsprechen der Beschreibung bei der Berechnung mit dem elastischen
Kontinuum. Abbildung 5.12 zeigt die Verformungen in z-Richtung. Als Referenzlö-
sungen werden auch die Ergebnisse der beiden vorhergehenden Berechnungen ge-
zeigt. Es zeigt sich, dass die durch die nichtlineare Modellierung des Bodens erzielte
Biegelinie der Fundamentplatte tendenziell jener der elastischen Kontinuumslösung

entspricht. Sie verläuft lediglich flacher, das heißt die relative Setzung von Plattenrand und Plattenmitte wird geringer. Das läßt sich dadurch erklären, dass der Boden-
widerstand im Randbereich bei den nichtlinearen Stoffgesetzen durch Spannungsumlagerungen geringer wird als beim elastischen Stoffgesetz. Die Setzungslinien
aller drei Berechnungen mit den nichtlinearen Bodenstoffgesetzen weisen eine ähnliche Form auf, lediglich bei der durchschnittlichen Setzung weichen sie voneinander
ab.

Abbildung 5.13 zeigt die Setzungsmulde der Plattenberechnungen über den gesamten Berechnungsausschnitt. Hier zeigen die Ergebnisse der Bodensetzungen neben
der Fundamentplatte große Unterschiede, je nachdem ob die Modellierung des Bodens mit einem elastischen oder elasto-plastischen Stoffgesetz oder ob sie mit einem
hypoplastischen Stoffgesetz durchgeführt wurde. Bei ersteren kommt es zu starken
Hebungen der Bodenoberfläche auch noch in weiter Entfernung zum untersuchten
Bauwerk, was sicher unrealistisch ist. Bei den hypoplastischen Stoffansätzen klingt
die Setzungsmulde relativ rasch ab, die Bodenoberfläche weist schon kurz neben
dem Fundament keine Setzungen mehr auf. Dieses unterschiedliche Verhalten lässt
sich damit begründen, dass bei den elastischen und elasto-plastischen Stoffgesetzen
das auch schon bei kleinen Beanspruchungen nichtlineare Bodenverhalten elastisch
beschrieben wird und somit der Einfluss der relativ hohen Querdehnzahl ($\nu = 0.33$)
überhand nimmt.

In Abbildung 5.14 werden die Biegemomente der Fundamentplatte wiedergegeben.
Interessant ist, dass die Momente der Berechnungen mit den hypoplastischen Stoffgesetzen fast genau zwischen den Ergebnissen der beiden elastischen Berechnungen
liegen. Im Vergleich zur Modellierung des Bodens mit dem elastischen Stoffgesetz
werden die mittleren Stützmomente stark abgebaut, es kommt dadurch zu einem An-

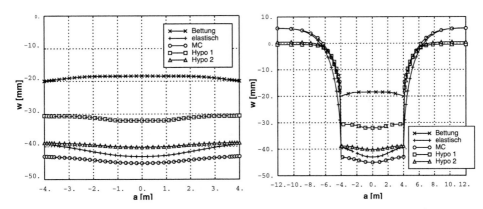

Abbildung 5.12: Vertikale Verschiebung der
Platte

Figure 5.12: Vertical deflection of the slab

Abbildung 5.13: Setzungsmulde mit Verschiebung der angrenzenden Bodenoberfläche

*Figure 5.13: Deflection of the slab and the ad-
jacent ground surface*

steigen der Feldmomente. Die Lösung mit dem Stoffgesetz $\boxed{\text{MC}}$ liegt nahe an den mit den hypoplastischen Stoffgesetzen $\boxed{\text{Hypo1}}$ und $\boxed{\text{Hypo2}}$ erzielten Lösungen, sie tendiert jedoch leicht zum elastischen Ergebnis.

Abbildung 5.15 zeigt die Verteilung des Sohldruckes an der Kontaktfläche zwischen Fundamentplatte und Boden. Alle Berechnungen zeigen im Inneren der Platte eine geradezu konstante Sohldruckverteilung, lediglich am Rand unterscheiden sich die Ergebnisse. Wie zu erwarten war, liefert die elastische Lösung den Maximalwert am Rand. Interessant ist, dass die Lösung mit dem Stoffgesetz $\boxed{\text{MC}}$ bei den Biegemomenten näher bei der elastischen Lösung liegt, wohingegen die mit den hypoplastischen Stoffgesetzen erzielten Sohldrücke am Rand höher liegen. Das Verformungsverhalten von Plattengründungen läßt sich also nicht allein von der Verteilung des Sohldruckes ableiten. Es zeigt sich also, dass die Wahl des Stoffgesetzes für die Modellierung des Bodens einen erheblichen Einfluss auf die Ergebnisse einer Plattenberechnung hat.

5.2 Betonplatte
Concrete slab

In diesem Abschnitt wird der Einfluss der nichtlinearen Modellierung des Plattentragverhaltens über das Betonstoffgesetz von Kapitel 4 untersucht. Um eine nichtlineare Berechnung der Fundamentplatte durchführen zu können, muss diese zuerst vordimensioniert werden. In diesem Fall ist die Querschnittshöhe schon gegeben, deshalb beschränkt sich die Vordimensionierung auf die Bemessung der erforderlichen Stahlquerschnitte. Da mit dieser Arbeit die beiden elastischen Verfahren auf

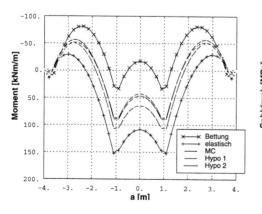

Abbildung 5.14: Biegemomente

Figure 5.14: Bending moments

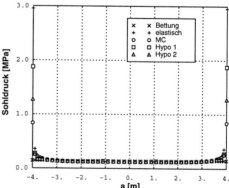

Abbildung 5.15: Sohldruck

Figure 5.15: Contact pressure

dem Prüfstand stehen, wird die Platte zum einen nach der Momentenlinie des Bettungsmodulverfahrens und zum anderen nach derjenigen der elastischen Kontinuumslösung, die dem Steifemodulverfahren entspricht, bemessen. Es werden dann die Ergebnisse analog zum obigen Abschnitt unter Gebrauchslast ermittelt.

Für alle nichtlinearen Berechnungen wird für das *tension stiffening* der Ansatz $\boxed{2}$ nach den Gleichungen (4.84) verwendet. Der Parameter wird einheitlich mit $\alpha_{ts} = 0.2$ angesetzt.

5.2.1 Vorbemessung
Preliminary dimensioning

Bei der Angabe zum Beispiel aus DIN 4018 Beiblatt 1 (1981) wird bei den Wandlasten P_i keine Trennung in Gewichtslasten und Nutzlasten vorgenommen. Deshalb scheidet eine Bemessung nach dem neuen semi-probabilistischen Sicherheitskonzept aus, bei dem die Lasten mit den jeweiligen Teilsicherheitsfaktoren multipliziert werden müssen. Aus diesem Grund kommt die ÖNORM 4200, 9. TEIL (1970) zur Anwendung. Nach diesem Regelwerk werden die Zugspannungen im Stahlbetonquerschnitt ausschließlich vom Bewehrungsstahl aufgenommen. Der kritische Formänderungszustand wird bei einer maximalen Stahldehnung von 0.4% und einer maximalen Betonstauchung von 0.2% erreicht. Bei einer Bemessung nach dem Traglastverfahren muss die Traglast des Querschnittes bei Erreichen dieses kritischen Formänderungszustandes unter der Verwendung der maximal zulässigen Beton- und Stahlspannungen das 1.7-fache der Gebrauchslast ausmachen.

Zur Bemessung nach diesem Konzept stehen zahlreiche Bemessungstafeln zur Verfügung, hier werden jene von JÄGER in STRÄUSSLER (1988) verwendet. Aus der statischen Höhe h des Betonquerschnittes, die dem Abstand der Bewehrung vom Druckrand entspricht, kann der Faktor k_1 in Abhängigkeit von den verwendeten Materialien ermittelt werden:

$$k_1 = h\sqrt{\frac{b}{M}}\,, \tag{5.8}$$

mit der Höhe in cm, dem Moment M in kNcm und der Querschnittsbreite b in cm. Da die Querschnittshöhe des Beispieles mit 0.4 m gegeben ist, wird $h = 0.35$ m gesetzt. Mit dem Wert für k_1 kann dann in der Tabelle der zweite Faktor k_2 abgelesen werden und der benötigte Stahlquerschnitt A_s wird über die folgende Gleichung bestimmt:

$$A_s = k_2 \frac{M}{h}\,, \tag{5.9}$$

mit der Höhe h in cm und der resultierenden Stahlquerschnittsfläche in cm^2. Der Mindestbewehrungsanteil einer Platte unter Biegebeanspruchung ist mit 0.14% festgelegt.

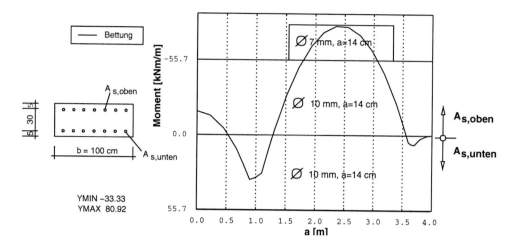

Abbildung 5.16: Momentendeckungslinie, Bewehrung nach der Momentenlinie des Bettungsmodulverfahrens

Figure 5.16: Determing the reinforcing steel using the moment distribution resulting from the spring model

5.2.2   Bemessung nach dem Bettungsmodulverfahren
Dimensioning using the results of the spring model calculations

Das maximale Feldmoment beträgt $M = -80.9$ kNm/m. Bei der Bemessung eines Plattenstreifens mit der Breite $b = 100$ cm folgt:

$$k_1 = 35\sqrt{\frac{100}{8090}} = 3.89 \,, \tag{5.10}$$

wobei das Moment nur dem Betrag nach eingesetzt wird. Aus der Tabelle kann der Wert für $k_2 = 0.0360$ abgelesen werden und somit ist der benötigte Stahlquerschnitt für einen Plattenstreifen der Breite 1 m:

$$A_s = 0.0360\frac{8090}{35} = 8.32 \text{ cm}^2/\text{m} \,. \tag{5.11}$$

Die Mindestbewehrung beläuft sich mit 0.14% der Betonquerschnittsfläche auf 5.60 cm^2/m, was der Bewehrung mit Stabstahl des Durchmessers $\oslash = 10$ mm und einem Stababstand a von 14.0 cm gleichkommt. Um das maximale Feldmoment abdecken zu können, müssen Stäbe mit $\oslash = 7$ mm und einem Stababstand von 14.0 cm zugelegt werden. Die Verankerungslänge der Zulage beträgt 250 mm.

Das maximale Stützmoment von 33.3 kNm/m wird durch die Mindestbewehrung abgedeckt, die für ein Moment von 55.7 kNm/m ausreichend ist. Die Bewehrungsanordnung für die Bemessung nach dem Bettungsmodulverfahren ist der Abbildung 5.16 zu entnehmen.

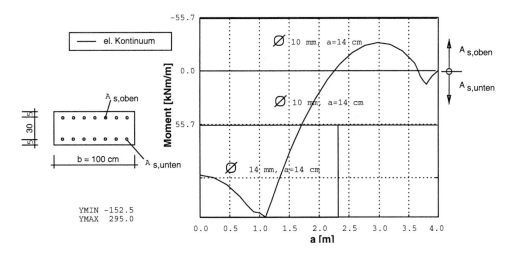

Abbildung 5.17: Momentendeckungslinie, Bewehrung nach der Momentenlinie der elastischen Kontinuumslösung

Figure 5.17: Determing the reinforcing steel using the moment distribution resulting from the elastic continuum model

5.2.3 Bemessung nach der elastischen Kontinuumslösung
Dimensioning using the results of the calculation with the elastic continuum

Hier wird die Bemessung für das maximale Stützmoment $M = 152.5$ kNm/m durchgeführt.

$$k_1 = 35\sqrt{\frac{100}{15250}} = 2.83 \, , \tag{5.12}$$

Mit dem Wert für $k_2 = 0.0368$ beläuft sich der benötigte Stahlquerschnitt für einen Plattenstreifen der Breite 1 m auf:

$$A_s = 0.0368\frac{15250}{35} = 16.03 \text{ cm}^2/\text{m} \, . \tag{5.13}$$

Zusätzlich zur Mindestbewehrung ($\oslash = 10$ mm, $a = 14.0$ cm) werden noch Stäbe mit $\oslash = 14$ mm und einem Abstand $a = 14$ cm verlegt. Die Verankerungslänge für die Zulage beträgt 630 mm.

Das maximale Feldmoment von -29.5 kNm/m wird durch die Mindestbewehrung abgedeckt. Die Bewehrungsanordnung ist aus Abbildung 5.17 ersichtlich.

5.2.4 Momente und Verformungen unter Gebrauchslast
Bending moments and deformation under service load

Hier werden die Biegemomente und Verformungen unter Gebrauchslast ermittelt. Der Plattenstreifen wurde nach den Ergebnissen des Bettungsmodulverfahrens und der elastischen Kontinuumslösung vorbemessen. Bei der Darstellung der Ergebnisse werden die Lösungen der Betonplatte mit denjenigen der elastischen Platte verglichen.

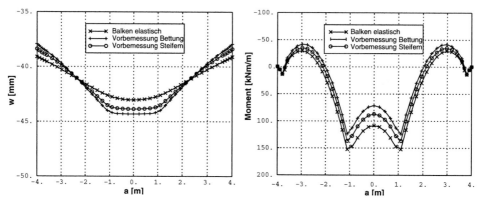

Abbildung 5.18: Biegelinie bei der Bodenmodellierung über das Bettungsmodulverfahren: Einfluss der Plattenmodellierung
Figure 5.18: Bending line using the elastic spring soil model: Influence of the slab model

Abbildung 5.19: Biegemomentenverteilung nach dem elastischen Kontinuumsmodell: Einfluss der Plattenmodellierung
Figure 5.19: Bending line using the elastic continuum soil model: Influence of the slab model

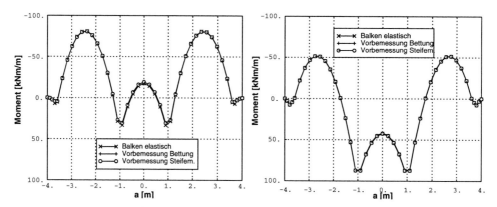

Abbildung 5.20: Biegemomente nach dem Bettungsmodulverfahren: Einfluss der Plattenmodellierung
Figure 5.20: Bending moments using the elastic spring soil model: Influence of the slab model

Abbildung 5.21: Biegemomente bei der Bodenmodellierung mit dem Stoffgesetz $\boxed{\text{Hypo1}}$: Einfluss der Plattenmodellierung
Figure 5.21: Bending moments using the elastic continuum soil model: Influence of the slab model

In Abbildung 5.18 werden die Verformungen des Plattenstreifens unter dem Einfluss der Plattenmodellierung wiedergegeben. Die schon aus Abbildung 5.11 bekannte Biegelinie für die elastische Platte wird durch die rote Kurve dargestellt. Wird die Platte nach der elastischen Kontinuumslösung (elastische Platte auf elastischem Boden) bemessen, so ergibt sich die Biegelinie, die durch die grüne Kurve abgebildet wird. Durch das Reissen des Betons an der Plattenunterseite im Bereich der mittleren Wand kommt es zu höheren Rotationen als bei der elastischen Modellierung. Deshalb kommt es zu einem Ansteigen des Sohldruckes im Mittelbereich der Platte und dort somit zu einer größeren Durchbiegung. Diese Tendenz wird noch verstärkt, wenn man nach dem Bettungsmodulverfahren bemisst (strichlierte Kurve in Abb. 5.18). Hier reisst der Beton noch früher, die Umlagerungen sind dadurch größer.

In Abbildung 5.19 werden die Biegemomente für die Modellierung des Bodens mit dem elastischen Modell dargestellt. Die rote Kurve steht wieder für die elastische Plattenmodellierung. Bei der Plattenbemessung nach dem elastischen Bodenmodell kommt es zu einer Umlagerung von den mittleren Stützmomenten zum Feld hin. Bei der Bemessung nach dem Bettungsmodulverfahren fällt diese Umlagerung noch größer aus.

Bei der Verwendung anderer Bodenmodelle hat die Verwendung des Betonstoffgesetzes keinen Einfluss auf das Last-Verformungsverhalten der Plattengründung. Abbildung 5.20 zeigt die Biegemomentenverteilung bei Verwendung des Bettungsmodulverfahrens. Da dieses Verfahren kaum Stützmomente liefert, sind die unter den Wänden auftretenden Momente durch die Mindestbewehrung ausreichend abgedeckt. Es kommt hier nicht einmal zum Anreissen der Betonzugfaser, das Rissmoment beträgt 69.3 kNm/m. Aus diesem Grund kommt es unter den Wänden zu keinen zusätzlichen Rotationen und somit auch zu keinen Spannungsumlagerungen im Boden. Im Feldbereich wird das Rissmoment zwar geringfügig überschritten, aufgrund der geringen Krümmung kommt es durch das Anreissen der oberen Zugfaser jedoch nicht zu einer Lokalisierung der Schädigung und somit bleibt der Einfluss der nichtlinearen Betonmodellierung gering.

Dasselbe gilt für die Modellierung des Bodens über ein nichtlineares Stoffgesetz. Stellvertretend für diese wird die Biegemomentenverteilung bei Verwendung des Stoffgesetzes $\boxed{\text{Hypo1}}$ in Abbildung 5.21 gezeigt. Auch hier sind die Momentenlinien deckungsgleich, der Einsatz des Betonstoffgesetzes für eine Berechnung unter Gebrauchslast bringt keine Änderung im Momentenbild.

Aus diesen Ergebnissen folgt, dass die Momenten-Krümmungs-Beziehung des Plattenstreifens nur bei der elastischen Modellierung des Bodens eine Rolle spielt. Bei allen anderen Bodenmodellen sind die Krümmungsänderungen aufgrund des Rissvorganges im Beton unter Gebrauchslast vernachlässigbar. Der größte Einfluss auf die Boden-Bauwerks-Interaktion im Gebrauchszustand stellt also die Modellierung des Bodens dar.

5.2.5 Einfluss der Betonzugfestigkeit
Influence of the concrete tensile strength

Da der Beginn der Momentenumlagerung durch das Anrissmoment bestimmt ist, hat
die Festlegung der Zugfestigkeit einen entscheidenden Einfluss auf die Momenten-
Krümmungs-Beziehungen einer Plattengründung. Bei der nichtlinearen Berechnung
von Betonstrukturen werden zumeist die Mittelwerte der Materialfestigkeiten verwendet. Um bei der Boden-Bauwerks-Interaktion die Steifigkeiten richtig abbilden
zu können, wurde bis jetzt der Mittelwert der Zugfestigkeit f_{ctm} eingesetzt. Da bei
einer größeren Struktur die Streuungen der Festigkeitseigenschaften sicher größer
sind als unter Laborbedingungen, ist es wie schon bei der Untersuchung der Platte
von JAIN und KENNEDY (1974) im vorhergehenden Kapitel angebracht, für die Zugfestigkeit den charakteristischen Wert f_{ctk} anzusetzen. Für den verwendeten Beton
wird dieser Wert angesetzt mit:

$$f_{ctk} = 1.8 \quad [\text{kPa}] . \tag{5.14}$$

Da hier besonders die nichtlinearen Bodenstoffgesetze interessieren, wird der Einfluss der Zugfestigkeit auf das Ergebnis mit dem Stoffgesetz $\boxed{\text{Hypo1}}$ untersucht,
die Vorbemessung erfolgte nach den Ergebnissen der elastischen Kontinuumslösung.
Zudem wird noch eine Berechnung durchgeführt, bei der die Zugfestigkeit zu Null
gesetzt wird.

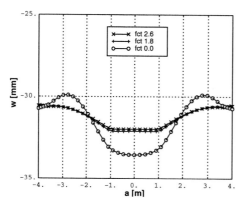

Abbildung 5.22: Biegelinie, Einfluss der Betonzugfestigkeit
*Figure 5.22: Bending line, influence of the con-
crete tensile strength*

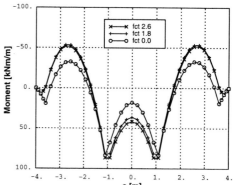

Abbildung 5.23: Biegemomente, Einfluss der
Betonzugfestigkeit
*Figure 5.23: Bending moments, influence of the
concrete tensile strength*

In Abbildung 5.22 werden die Biegelinien der drei Berechnungen dargestellt. Ob
man der Berechnung die mittlere Zugfestigkeit f_{ctm} oder deren charakteristischen

Wert f_{ctk} verwendet, hat nur einen geringen Einfluss auf die Biegelinie. Verständlicherweise bringt eine geringere Zugfestigkeit eine stärkere Lastumlagerung zur Mitte hin. Ein anderes Bild zeigt sich jedoch bei der Reduktion der Zugfestigkeit zu Null. Hier kommt es zu wesentlichen Lastumlagerungen, die Biegelinie weicht sehr stark von den anderen beiden Lösungen ab. Die Vernachlässigung von real existierenden Steifigkeiten führt zu einem stark veränderten Last-Verformungsverhalten der Flachgründung.

Aus der Darstellung der Biegemomente (Abb. 5.23) lassen sich die obigen Gesetzmäßigkeiten ablesen. Bei der Verwendung der Werte f_{ctm} und f_{ctk} kommt es zu keinen nennenswerten Unterschieden in der Momentenlinie. Wird die Zugfestigkeit jedoch zu Null gesetzt, ändern sich die Momente stark. Es kommt zu einer Momentenumlagerung ins Mittelfeld.

Die bei der Bemessung von Hochbauten übliche Praxis, die Zugfestigkeit nicht für die Berechnung der Traglast heranzuziehen, führt bei einer Problemstellung der nichtlinearen Boden-Bauwerk-Interaktion zu einer falschen Steifigkeitsverteilung und damit auch zu Spannnungsumlagerungsprozessen, die nicht auftreten können. Für die Interaktion darf also die Zugfestigkeit des Betons mit den einhergehenden beiden Effekten des *tension softening* und des *tension stiffening* nicht vernachlässigt werden. Bei der Bemessung der Gründungsplatte nach der Momentenlinie aus der Berechnung mit $f_{ct} = 0$ kann es zu Bemessungswerten kommen, die auf der unsicheren Seite liegen, was bei der Betrachtung der Momente im Randfeld augenfällig ist.

5.3 Traglast
Ultimate bearing capacity

In diesem Abschnitt soll die Traglast für das Beispiel aus DIN 4018 Beiblatt 1 (1981) ermittelt werden. Bei den meisten in der Literatur vorliegenden Arbeiten (z.B. LANDGRAF und QUADE (1993)) wird ausführlich auf das nichtlineare Verhalten der Fundamentplatte eingegangen, die Nichtlinearität des Bodens wird jedoch meist außer Acht gelassen. Hier soll aufgezeigt werden, inwieweit sich eine über das lineare Verhalten hinausgehende Bodenmodellierung auf das Last-Verformungsverhalten einer Flachgründung und schließlich auf deren Traglast auswirkt.

In der Baupraxis werden die Fundamentplatten meist nach dem Bettungsmodulverfahren berechnet und bemessen. Um diesem Umstand Rechnung zu tragen, ist die Fundamentplatte wenn nicht anders angegeben, nach der Vorbemessung in Abschnitt 5.2.2 bewehrt, also mit oben- und untenliegender Mindestbewehrung und einer oberen Zulage im Randfeld.

Im ersten Lastschritt wird der geostatische Anfangsspannungszustand aufgebracht, danach das Eigengewicht der Fundamentplatte. Im dritten Schritt wird die Gleichlast p auf die Platte eingetragen. Sodann werden die Wandlasten P_1 und P_2 aufgebracht und solange gesteigert, bis es zum Versagen der Struktur kommt. Die Traglast P_{max} wird somit festgelegt durch:

$$P_{max} = \lambda \sum_i^2 P_i \,, \tag{5.15}$$

mit dem Laststeigerungsfaktor λ.

Das Versagen der Plattengründung infolge Biegung kann durch folgende zwei Arten eintreten:

- Durch primäres Zugversagen, indem der Betonquerschnitt reißt und die Biegezugkraft solange vom Betonstahl übernommen wird, bis dieser die Maximaldehnung ε_u erreicht und ebenfalls reißt.

- Durch sekundäres Druckversagen, bei dem zuerst die Zugfaser reißt, jedoch vor dem Erreichen der maximalen Zugdehnung ε_u die gedrückte Faser die Druckfestigkeit f_c überschreitet und versagt.

Die Art des Biegeversagens hängt hauptsächlich vom Bewehrungsgrad ϱ ab, der erste Versagensfall tritt vorwiegend bei schwach bewehrten Platten auf. Zusätzlich zum Versagen infolge Biegebeanspruchung kann die Tragfähigkeit des Plattenquerschnitts auch durch die Schubbeanspruchung limitiert sein. Dieses Versagen kann jedoch mit den Mitteln dieser Arbeit nicht behandelt werden und wird deshalb nicht weiter verfolgt.

5.3.1 Referenzlösung Hypo1
Reference solution

Für eine realitätsnahe Erfassung der Boden-Bauwerk-Interaktion muss auch der Boden durch ein nichtlineares Stoffgesetz erfasst werden. Deshalb wird die Traglastberechnung mit einem der beiden hypoplastischen Stoffgesetze beschrieben. Da sich bei den vorhergehenden Berechnungen unter Gebrauchslast gezeigt hat, dass Stoffgesetz Hypo1 und Hypo2 sehr ähnliche Ergebnisse liefern, wird hier das einfachere der beiden, nämlich das Stoffgesetz Hypo1 verwendet. Diese Berechnung liefert dann die Referenzlösung für die nachfolgenden Untersuchungen, die den Einfluss der verwendeten Betonzugfestigkeit, der Stahlduktilität und vor allem des Bodenstoffgesetzes auf die Traglast aufzeigen sollen.

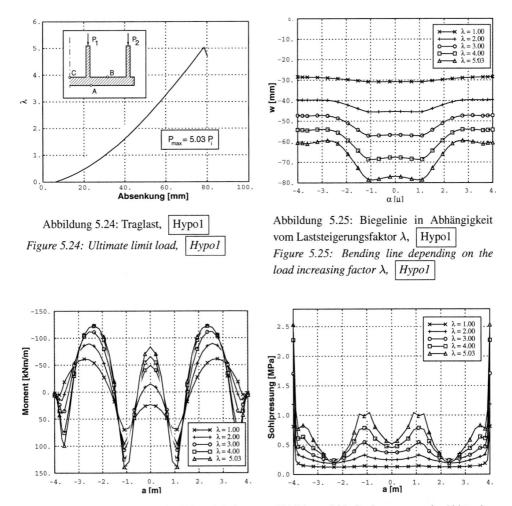

Abbildung 5.24: Traglast, Hypo1

Figure 5.24: Ultimate limit load, Hypo1

Abbildung 5.25: Biegelinie in Abhängigkeit vom Laststeigerungsfaktor λ, Hypo1

Figure 5.25: Bending line depending on the load increasing factor λ, Hypo1

Abbildung 5.26: Biegmomente in Abhängigkeit vom Laststeigerungsfaktor λ, Hypo1

Figure 5.26: Bending moments depending on the load increasing factor λ, Hypo1

Abbildung 5.27: Bodenpressung in Abhängigkeit vom Lastfaktor λ

Figure 5.27: Contact pressure depending on the load increasing factor λ

Da es sich bei der Berechnung der Traglast um ein stark nichtlineares Problem handelt, mussten die Kontinuumselemente mit quadratischem Verschiebungsansatz durch solche mit linearem Ansatz ersetzt werden (vierknotige Kontinuumselemente für den ebenen Formänderungszustand – CPE4). Für alle Materialkennwerte wurden die charakteristischen Werte herangezogen (siehe Tabelle 5).

In Abbildung 5.24 wird die Traglastkurve wiedergegeben. Der Laststeigerungsfaktor λ wird über der Absenkung des rechten Fußpunktes der mittleren Kellerwand aufgetragen. Bei $\lambda = 1.0$ wird der Lastzustand unter Gebrauchslast erreicht. Noch vor Erreichen der Gebrauchslast reißt der Beton im Punkt A und im Feldbereich um den Punkt B. Bei $\lambda = 1.95$ erreicht die untere Bewehrung in Punkt A die Fließspannung f_{yk}, und nach einer weiteren Laststeigerung fließt die obere Stahlbewehrung in Punkt B bei $\lambda = 3.63$. Bei $\lambda = 5.03$ reißt die untere Bewehrung im Punkt A, die Traglast ist somit erreicht und die Traglastkurve weist einen absteigenden Ast auf. Interessant ist die Form der Traglastkurve. Bei einem randgelagerten Plattenbalken wird das System mit zunehmender Belastung aufgrund der Ausbildung der Fließgelenke immer weicher und das Versagen der Struktur kündigt sich schon vorher durch das Ausbilden eines Plateaus in der Traglastkurve an. Nicht so hingegen beim Tragsystem einer Flächengründung: Die Lastkurve verläuft überlinear, das Versagen des Tragwerkes erfolgt plötzlich. Die mit dem Fünffachen der Gebrauchslast erreichte Traglast liegt wesentlich höher als erwartet, wenn man bedenkt, dass der Plattenquerschnitt im Punkt A nur die Mindestbewehrung enthält. Ein wesentlicher Grund für die hohe Tragreserve liegt im Lastumlagerungsvermögen des Bodens.

Wie aus Abbildung 5.25 ersichtlich ist, nimmt die Steifigkeit des Bodens mit zunehmender Eindrückung des Fundamentes zu, die Relativsetzungen nehmen von Lastschritt zu Lastschritt ab. Während die Biegelinie unter Gebrauchslast ($\lambda = 1.0$) nur eine geringe Krümmung aufweist, lässt sich schon bald die Ausbildung eines Fließgelenkes unter der Mittelwand ($a = \pm 1.1$ m) erkennen. Für $\lambda = 3..4$ kommt es zu einem deutlichen Knick in der Biegelinie. Im Mittelbereich des Randfeldes bildet sich bis zum Erreichen der Traglast kein Fließgelenk, sondern eine Fließzone mit gleichmäßiger Krümmung.

In Abbildung 5.26 werden die Biegemomente dargestellt. Unter Gebrauchslast sind die Feldmomente und die Stützmomente in etwa betragsgleich. Mit steigender Belastung kommt es zu einer starken Umlagerung der Biegemomente. Der Ort des maximalen Feldmomentes wandert zur Mittelwand hin, was auf eine Umlagerung des Sohldruckes zur Wand hin schließen lässt. Auffallend ist auch die Umlagerung des Momentes im Mittelfeld. Vom positiven Moment unter Gebrauchslast wechselt das Moment dann das Vorzeichen und nimmt betragsmäßig einen wesentlich größeren Wert an. Diese Momente werden durch die oben durchgezogene Minimalbewehrung aufgefangen. An den Verläufen der Momentenlinien in Abhängigkeit von der Lastintensität kann man auch ermessen, welche Schwierigkeiten sich bei der Bemessung von Fundamentplatten einstellen können. Bei einer Erhöhung der Gebrauchslast durch die Multiplikation mit Teilsicherheitsfaktoren kann sich für die Bemessung im Mittelfeld ein Bemessungsmoment ergeben, das ein anderes Vorzeichen aufweist als das Moment an derselben Stelle unter Gebrauchslast. Die Stützmomente wachsen mit zunehmender Belastung kontinuierlich an und stellen für die Bemessung keine Schwierigkeit dar.

Das vielleicht aussagekräftigste und interessanteste Diagramm stellt die Darstellung der Bodenpressung in Abbildung 5.27 dar. Unter Gebrauchslast stellt sich, wie schon

früher erwähnt, im Innenbereich des Fundamentes eine in etwa konstante Sohldruckverteilung ein, lediglich an der Fundamentkante steigt der Sohldruck auf einen Maximalwert an. Bei zunehmender Belastung kommt es zu einer starken Sohldruckumla-
gerung. Die Sohlspannungen *wandern* von den Mittelfeldern zu den Lasteinleitungsbereichen unter den Kellerwänden. Obwohl die Fundamentplatte unter der mittleren
Wand schon ein Fließgelenk ausgebildet hat und eigentlich keine Steifigkeit mehr
aufweist, nimmt die Steifigkeit des Bodens durch die zunehmende Komprimierung
desselben stark zu. Da die steifen Bereiche die Lasten anziehen, findet die Lastabtragung hauptsächlich im Innenbereich des Fundamentes statt.

5.3.2   Einfluss der Betonzugfestigkeit auf die Traglast
Influence of the concrete tensile strength on the ultimate limit load

Wie schon bei den Berechnungen für das Gebrauchslastniveau dargestellt wurde,
hat die Formulierung des Zugversagens einen nicht unwesentlichen Einfluss auf die
nichtlineare Boden-Bauwerks-Interaktion. In den Normenwerken wird meist verlangt, die Zugfestigkeit nicht zu berücksichtigen, um damit auf der *sicheren* Seite
zu liegen. Dadurch werden wirksame Querschnittssteifigkeiten unberücksichtigt gelassen, was sich direkt auf die Lastabtragung auswirken muss.

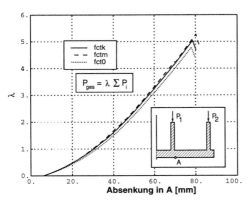
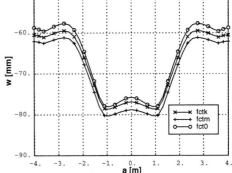

Abbildung 5.28: Traglast über der Absenkung
im Punkt A, Einfluss der Modellierung der Zugfestigkeit
*Figure 5.28: Ultimate limit load, influence of
the modeling of the concrete tensile strength*

Abbildung 5.29: Biegelinie bei Traglast, Einfluss der Zugfestigkeit
*Figure 5.29: Bending line at ultimate limit load,
influence of the modeling of the concrete tensile
strength*

In Abbildung 5.28 werden die Traglastkurven der drei Berechnungen wiedergegeben. Die ausgezogene Kurve gibt die Referenzlösung mit $f_{ct} = f_{ctk}$ wieder, die
strichlierte Kurve die Lösung für $f_{ct} = f_{ctm}$ und die punktierte Kurve jene für
$f_{ct} = 0$. Der Unterschied in der Traglast ist geringfügig. Es kann somit behauptet werden, dass der Einfluss der Zugfestigkeit auf die Traglast zu vernachlässigen

ist, was sich auch an der Darstellung der Biegelinien in Abbildung 5.29 erkennen lässt. Diese sind affin zueinander, die maximale Absenkung differiert geringfügig durch die unterschiedlichen Traglasten.

5.3.3 Einfluss der maximalen Stahldehnung
Influence of the reinforcing steel strain limit

In diesem Abschnitt soll die Abhängigkeit der Traglast von der eingesetzten Stahlsorte untersucht werden. Für die Referenzlösung wurde die maximale Stahldehnung mit $\varepsilon_{uk} = 2.5\%$ angesetzt, was einem normalduktilen Stahl entspricht. In der Vergleichsrechnung wurde $\varepsilon_{uk} = 5.0\%$ gesetzt, was einem hochduktilen Bewehrungsstahl entspricht.

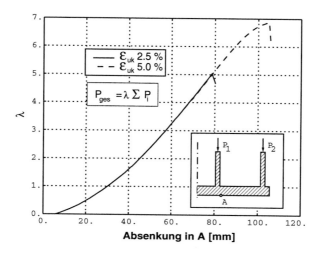

Abbildung 5.30: Traglast, Einfluss der Stahlgrenzdehnung

Figure 5.30: Ultimate limit load, influence of the reinforcing steel strain limit

Wird ein hochduktiler Stahl verwendet, so steigt die Traglast noch einmal erheblich an, wie sich aus Abbildung 5.30 ablesen lässt. Die Kurve flacht auch vor Erreichen der Traglast schon etwas ab, die Fundamentplatte weist fast keine Tragreserven mehr auf. Interessant ist auch die Darstellung der Hauptverzerrungen im Boden (Abb. 5.31). Unter der starken Belastung bilden sich im Boden Bereiche mit großen Verzerrungen. Einer verläuft vom Fußpunkt der mittleren Wand bis zum Schnittpunkt der Symmetrieachse und der Trennlinie zwischen Sand und Fels, der zweite Bereich zieht vom Plattenrand senkrecht nach unten. Das bedeutet, dass sich die Verzerrungen im Boden lokalisieren, was auf einen beginnenden Grundbruch hinweist. Für einen weniger tragfähigen Boden hat das zur Folge, dass vor Erreichen der Grenztragfähigkeit der Platte ein Grundbruch auftreten kann. Dieses Problem

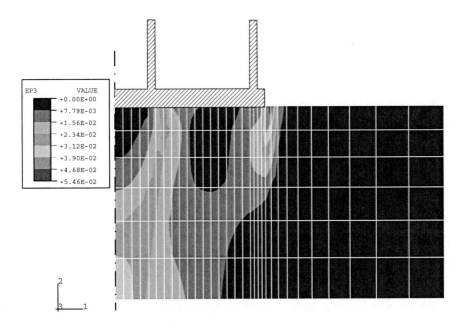

Abbildung 5.31: Konturplot der maximalen Hauptverzerrungen für $\varepsilon_{uk} = 5\%$

Figure 5.31: Contour plot of the principal strains with $\varepsilon_{uk} = 5\%$

kann im Rahmen dieser Arbeit nur tendentiell wiedergegeben werden, da keine Regularisierungsmethoden für den Boden verwendet werden, wodurch die Ergebnisse netzabhängig werden.

5.3.4 Einfluss des Bodenstoffgesetzes auf die Traglast
Influence of the soil model on the ultimate limit load

Hier werden nun neben dem Stoffgesetz $\boxed{\text{Hypo1}}$ der Referenzlösung noch die anderen Stoffgesetze (elastisches Stoffgesetz, $\boxed{\text{MC}}$, $\boxed{\text{Hypo2}}$) eingesetzt und die erhaltenen Traglastkurven miteinander verglichen.

Für das elastische und das $\boxed{\text{MC}}$ -Stoffgesetz treten bei der Bestimmung des Elastizitätsmoduls, der aus der durchschnittlichen Spannung unter der Platte und der durchschnittlichen Setzung derselben über den Steifemodul berechnet wird, sogleich Schwierigkeiten auf. Aus den Berechnungsergebnissen der Referenzlösung in den Abbildungen 5.24 bis 5.27 ist klar erkennbar, dass es bei größer werdender Belastung weder eine gleichmäßige Setzung des Fundamentes noch eine annähernd konstante Sohlspannungsverteilung gibt. Da auch die Traglast nicht im Vorhinein bekannt ist, bleibt nur die Verwendung des für die Berechnung unter Gebrauchslast bestimmten Elastizitätsmoduls auch für die Traglastberechnung. Am Reibungswinkel und Dilatanzwinkel, sowie an der Querdehnzahl ändert sich auch mit zunehmender Belastung nichts, und es werden dieselben Werte wie in Abschnitt 5.1.3 vewendet.

Für das Stoffgesetz $\boxed{\text{Hypo2}}$ folgt aus dem Umstand, dass bei der Traglastberechnung ein wesentlich höheres Spannungsniveau auftritt als bei der Gebrauchlastberechnung, dass die Parameter h_s und n angepasst werden müssen. Diese beiden Werte werden der Arbeit von HERLE (1997) entnommen und lauten:

$$h_s = 5800 \text{ MPa} \qquad n = 0.28 \,. \tag{5.16}$$

Die restlichen Werte werden unverändert belassen.

In Abbildung 5.32 sind die Traglastkurven der durchgeführten Berechnungen dargestellt. In allen Berechnungen wird der Grenzzustand erreicht, indem im Punkt A die Bewehrung reißt. Da das elastische Stoffgesetz und das Stoffgesetz $\boxed{\text{MC}}$ die Steifigkeitszunahme bei querdehnungsbehinderter Kompression nicht nachbilden können, fällt die Traglast bei der Berechnung mit diesen beiden Stoffgesetzen niederer aus als bei der Verwendung der hypoplastischen Stoffgesetze. Interessant ist, dass bei der Traglastkurve kaum ein Unterschied besteht zwischen der Verwendung des elastischen oder des elastoplastischen Ansatzes, selbst die Maximallasten weichen nur geringfügig voneinander ab. Die Größtwerte der Absenkungen liegen bei den elastisch dominierten Stoffgesetzen zu hoch, was in der Verwendung eines zu kleinen Elastizitätsmoduls begründet ist. Allen Berechnungen ist gemein, dass das Versagen der Struktur ohne Vorankündigung eintritt.

Die Setzungen und die Bodenpressungen lassen sich aufgrund der unterschiedlichen Traglasten nicht miteinander vergleichen. Interessant ist jedoch die Momentenverteilung, da die Fundamentplatte bei allen Berechnungen infolge des Biegemomentes im Punkt A versagt. In Abildung 5.33 werden die Momentenlinien abgebildet. Das Stützmoment unter den mittleren Wänden ist somit bei allen Berechungen gleich groß. Auffallend ist hingegen die unterschiedliche Verteilung der Feldmomente. Bei den beiden hypoplastischen Berechnungen wird bei zunehmender Belastung eine Lastumlagerung zur Mitte hin erzielt, und die maximalen Feldmomente der Randfelder liegen dadurch näher zur Mitte hin und das Moment im Mittelfeld wächst stärker an. Beim elastischen und elastoplastischen Stoffansatz erfolgt diese Lastumlagerung nicht so stark, die Momentenmaxima in den Randfeldern liegen weiter außen und das Feldmoment in der Mitte fällt geringer aus.

5.3.5 Konsequenzen für die Bemessung der Biegebewehrung
Consequences for the design of the steel reinforcement

Durch die Momentenumlagerungen bei fortschreitender Belastung und infolge des Reißens des Betons kann es vorkommen, dass sich die Krümmung der Biegelinie

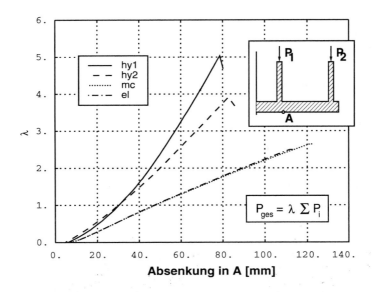

Abbildung 5.32: Traglast bei Verwendung unterschiedlicher Stoffgesetze

Figure 5.32: Ultimate limit load using different soil models

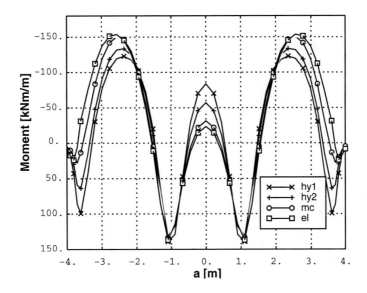

Abbildung 5.33: Biegemomente bei Traglast bei Verwendung unterschiedlicher Stoffgesetze

Figure 5.33: Bending moments at ultimate limit load using different soil models

innerhalb eines Feldes ändert. Dadurch wechselt das Feldmoment dann das Vorzeichen, und es tritt in Bereichen Zug auf, die bei der Berechnung unter Gebrauchslast oder bei der Annahme linear-elastischen Materialverhaltens der Platte noch unter Druck standen. Die üblichen, genormten Bemessungsregeln sehen die Anordnung der Bewehrung jedoch nur in Bereichen vor, in denen auch Zug auftritt. Aus diesem geschilderten Grund mag es zweckmäßig erscheinen, in allen Feldern eine obenliegende Mindestbewehrung anzuordnen.

Die bei einer Fundamentplatte durch die Plattenbiegung am meisten beanspruchten Bereiche sind die Plattenunterseiten in den Lasteinleitungsbereichen. Hier bilden sich aufgrund der Sohldruckkonzentration Fließgelenke aus, es kommt schon frühzeitig zu großen Stahldehnungen. Die Feldbereiche werden nicht so stark beansprucht, durch die Ausbildung von Fließzonen verteilen sich die Stahldehnungen über größere Bereiche und lokalisieren nicht in einem einzigen Fließgelenk. Bei der Berechnung der Plattenschnittgrößen mit dem Steifemodulverfahren oder mit einem elastischen Verfahren werden die Querschnitte im Bereich der Stützmomente großzügig bemessen, was sich im Hinblick auf die Querkraftbemessung im Lasteinleitungsbereich und die Begrenzung der Rissweiten günstig auswirkt.

Wie aus Abbildung 5.34 abzulesen ist, steigt die Traglast noch für den Fall, dass der Vorbemessung eine Berechnung nach dem Steifemodulverfahren zugrunde gelegt wurde (strichlierte Kurve). Die Momentenlinie in Abbildung 5.35 zeigt für diesen Fall, dass das aufnehmbare Stützmoment in etwa doppelt so groß wird.

Die punktierte Linien in den beiden Abbildungen zeigen die Ergebnisse einer Berechnung, bei der der Plattenquerschnitt durch eine oben- und untenliegenden Mindestbewehrung armiert wurde. Für den alleinigen Nachweis der Tragfähigkeit infolge Biegebeanspruchung ist die Mindestbewehrung in diesem Fall ausreichend!

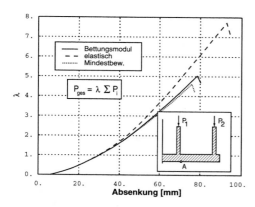

Abbildung 5.34: Traglast über der Absenkung im Punkt A, Einfluss der Bewehrungsanordnung

Figure 5.34: Ultimate limit load at point A, influence of the positioning of the reinforcing steel

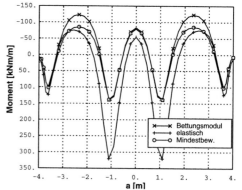

Abbildung 5.35: Momentenlinie bei Traglast, Einfluss der Vorbemessung

Figure 5.35: Bending moments at ultimate limit state, influence of the preliminary design

5.4 Dreidimensionale Berechnung unter Gebrauchslast
Three dimensional model with service load

Zum Abschluss wird die Fundamentplatte des Beispiels aus DIN 4018 Beiblatt 1 (1981) dreidimensional berechnet. Aufgrund der Symmetrieeigenschaften von Geometrie und Belastung wird die Berechnung am Viertelsystem durchgeführt. Abbildung 5.36 zeigt die Diskretisierung des Problems mit dem gewählten FE-Netz. Die Wände und die Bodenplatte werden durch achtknotige Schalenelemente mit quadratischem Verschiebungsansatz (S8R) modelliert, für die Darstellung des Bodens kommen 20-knotige Kontinuumselemente (C3D20R) zur Anwendung. Platte und Boden sind über Kontaktelemente fix miteinander gekoppelt, es werden keine Relativverschiebungen zugelassen. Die Stirnseite und die linke Seite werden durch Symmetrielager gehalten, die Rückseite und die rechte Seitenfläche sowie die Grundfläche in Richtung der Flächennormalen. Die Anzahl der Elemente beträgt 3025, die Anzahl der Freiheitsgrade 39 252.

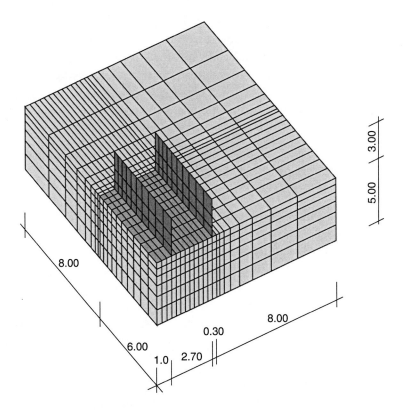

Abbildung 5.36: Berechnungsausschnitt und Diskretisierung, Maße in m

Figure 5.36: threedimensional model: discretization

Die nachfolgenden Berechnungen erfolgen unter Gebrauchslast. Im ersten Schritt wird der geostatische Spannungszustand aufgebracht. Die Belastung setzt sich aus dem Eigengewicht der Fundamentplatte ($\gamma = 25$ kN/m^3), der Plattenauflast ($p = 5.0$ kN/m^2) und den Linienlasten auf den Kellerwänden (Innenwand: $P_1 = 300.0$ kN/m, Aussenwand: $P_2 = 200$ kN/m) zusammen.

Vorerst wird das Tragverhalten des Plattenfundamentes linear elastisch angenommen. Als Referenzlösung dient wieder die Berechnung mit dem Stoffgesetz $\boxed{\text{Hypo1}}$. Es folgt dann die Gegenüberstellung der Ergebnisse der nichtlinearen Bodenmodellierung mit denjenigen der beiden elastischen Standardverfahren (Bettungsmodulverfahren, Steifemodulverfahren = elastisches Kontinuum). Die Materialparameter für den dichten Sand ($e_0 = 0.55$) werden von den zweidimensionalen Berechnungen übernommen. Im Anschluss daran wird die Platte noch mit dem nichtlinearen Betonstoffgesetz modelliert.

Elastische Platte

In Abbildung 5.37 werden die Verformungen w in z-Richtung und die Biegemomente m_x in Plattenquerrichtung entlang der eingezeichneten Schnitte (1-1, 2-2, 3-3) dargestellt. In der linken Spalte erscheinen die Ergebnisse, die bei der Bodenmodellierung mit Hilfe des Bettungsmodulverfahrens erzielt werden. In der Mitte werden die Berechnungsergebnisse bei Verwendung des hypoplastischen Stoffgesetzes $\boxed{\text{Hypo1}}$ und in der rechten Spalte jene der elastischen Bodenmodellierung wiedergegeben.

Abbildung 5.38 zeigt die Verformungen und Biegemomente m_y in Plattenlängsrichtung zufolge der verschiedenen Bodenmodellierungen entlang der Längsschnitte im Mittelfeld (1-1) und im Randfeld (2-2).

Modelliert man den Boden über ein nichtlineares Bodenstoffgesetz, wie in diesem Fall mit dem Stoffgesetz $\boxed{\text{Hypo1}}$, dann bildet sich eine räumliche Setzungsmulde aus, wobei die Plattenränder geringere Setzungen aufweisen als die Plattenmitte. Aufgrund der Zunahme des Sohldruckes am Plattenrand kommt es zu einer größeren Beanspruchung der Randbereiche, was sich durch ein Ansteigen der Biegemomente m_x in der Achse 3-3 bemerkbar macht. In Längsrichtung kommt es aufgrund der aussteifenden Wände nur zu einer sehr schwachen Krümmung der Platte, die Längsmomente m_y enthalten fast nur jene Anteile, die sich infolge der Querdehnung aus den Quermomenten m_x ergeben.

Bei der Gegenüberstellung dieser Ergebnisse mit den Ergebnissen der beiden Standardverfahren fällt auf, dass bei der Verwendung des Bettungsmodulverfahrens die Ergebnisse unabhängig von der Erstreckung der Platte in y-Richtung sind. Die Durchbiegungen als auch die Biegemomente in Querrichtung entsprechen somit den Ergebnissen der zweidimensionalen Berechnung. In Längsrichtung stellt sich ein fast konstantes Biegemoment m_y ein. Anders verhält es sich bei der Modellierung des Bodens über das elastische Kontinuum. Hier bildet sich ebenfalls wie bei der nicht-linearen Berechnung eine räumliche Setzungsmulde aus, die jedoch eine größere Krümmung aufweist. Die Biegemomente m_y in Längsrichtung steigen zum Rand hin an. In Querrichtung steigt die Biegebeanspruchung in der Achse 3-3 an, was zu einem deutlich erhöhten Biegemoment gegenüber den Achsen 1-1 und 2-2 führt.

Wie bei der zweidimensionalen Berechnung zeigt sich auch für den dreidimensiona-len Fall, dass die Biegemomente bei der Modellierung des Bodens über ein nichtli-neares Stoffgesetz zwischen den Ergebnissen des Bettungsmodulverfahrens und des elastischen Kontinuums liegen.

Speziell die Querränder werden bei diesem Beispiel stärker auf Biegung beansprucht als die Innenbereiche der Platte. Die Berechnung der Biegemomente über eine zwei-dimensionale Berechnung liegt somit für den Randbereich auf der unsicheren Seite. Das Bettungsmodulverfahren liefert hier kein räumliches Tragverhalten, was als un-realistisch angesehen werden muss.

Nichtlineare Betonplatte

Hier wird der Einfluss der Plattenmodellierung auf die Setzungen und Biegemomen-tenverteilungen untersucht. Der Boden wird mit Hilfe des Stoffgesetzes $\boxed{\text{Hypo1}}$ modelliert. Die Platte wird zum einen linear-elastisch und zum anderen mit dem nichtlinearen Betonstoffgesetz beschrieben. Die Plattenbewehrung wird an der Ober- und Unterseite mit der kreuzweisen Mindestbewehrung von $\varrho = 0.14\%$ dimensio-niert.

Aufgrund der geringen Beanspruchung der Platte in Längsrichtung werden nur die Ergebnisse in Querrichtung in Abildung 5.39 dargestellt. Hier ist die Fundamentplat-te nur sehr schwach bewehrt. Bei fortschreitender Belastung reißt die Platte zuerst an der Unterseite unter der Innenwand. Dadurch wird das Stützmoment abgebaut, es findet eine Momentenumlagerung statt. Dadurch wird die Platte in den Feldberei-chen stärker beansprucht, wodurch der Beton dort an der Oberseite reißt. Im gerisse-nen Zustand weist die Fundamentplatte eine geringere Biegesteifigkeit als die linear elastische Platte auf, die Krümmung nimmt aus diesem Grund gegenüber der linear-elastischen Berechnung zu. Der Querrand der Platte wird durch die Lastumlagerung zur Mitte hin entlastet, der Unterschied zwischen den Momenten m_x am Rand und jenen im Inneren der Platte verringert sich dadurch.

Abschließend kann gesagt werden, dass das Tragverhalten einer Bodenplatte nur dann richtig erfasst werden kann, wenn das Berechnungsmodell so realitätsnah als möglich gewählt wird. Das impliziert die Verwendung von nichtlinearen Stoffgeset-zen für den Boden und für den Beton und eine dreidimensionale Diskretisierung der Geometrie.

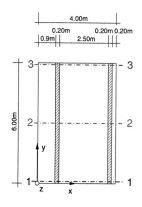

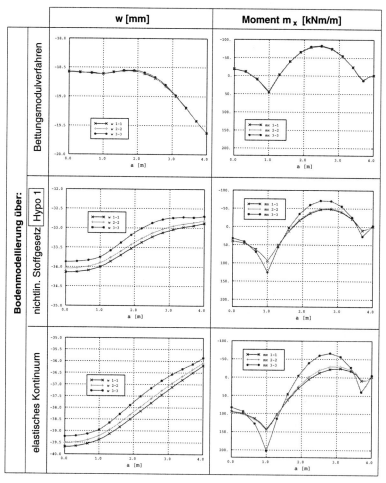

Abbildung 5.37: Durchbiegungen w und Biegemomente m_x in Plattenquerrichtung für die elastische Platte in Abhängigkeit von der Bodenmodellierung

Figure 5.37: Elastic slab model: Deflections w and bending moments m_x in direction x of the slab

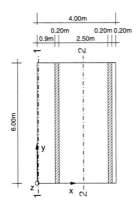

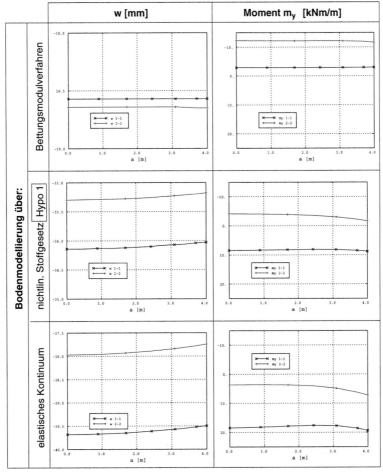

Abbildung 5.38: Durchbiegungen w und Biegemomente m_y in Plattenquerrichtung für die elastische Platte in Abhängigkeit von der Bodenmodellierung

Figure 5.38: Elastic slab model: Deflections w and bending moments m_y in direction x of the slab

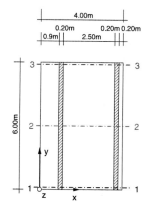

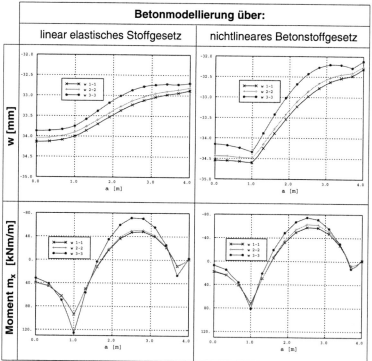

Abbildung 5.39: Durchbiegungen w und Biegemomente m_x in Plattenquerrichtung, Einfluss des nicht-linearen Plattentragverhaltens

Figure 5.39: Nonlinear slab model: Deflections w and bending moments m_x in direction x of the slab

Kapitel 6

Zusammenfassung
Summary

6.1 Grundlagen
Problem outline

In dieser Arbeit werden die Einflüsse auf die Boden-Bauwerks-Interaktion von Plattenfundamenten auf granularen Böden untersucht. Die Lösung dieses Anfangsrandwertproblems erfolgt im Rahmen der finite Elemente Methode mit dem Programmsystem ABAQUS. Das Tragverhalten von Flachgründungen beruht auf den nichtlinearen Stoffeigenschaften des Bodens und des üblicherweise verwendeten Betons. Dieser Nichtlinearität wird jedoch bei den in der Ingenieurpraxis zur Anwendung kommenden Standardverfahren, dem Bettungsmodul- und dem Steifemodulverfahren, nicht Rechnung getragen. Aus diesem Grund wird, ausgehend von diesen beiden Methoden, der Grad der Nichtlinearität sukzessive gesteigert, bis am Schluss das Spannungs-Dehnungs-Verhalten sowohl des Bodens als auch des Betons möglichst realitätsnah beschrieben wird.

Die mechanische Beschreibung des elastischen Bodenverhaltens erfolgt beim Bettungsmodulverfahren über ein eindimensionales Federmodell. Das Steifemodulverfahren entspricht einer Abbildung des Problems in den elastisch-isotropen Halbraum, der in den Berechnungen mit Hilfe des elastischen HOOKE'schen Stoffgesetzes modelliert wird. Das nichtlineare, anelastische Bodenverhalten wird einerseits über ein linear-elastisches, ideal-plastisches Stoffgesetz mit MOHR-COULOMB'scher Fließfläche und andererseits über zwei hypoplastische Stoffgleichungen beschrieben.

Die konstitutiven Gleichungen für das MOHR-COULOMB-Stoffgesetz werden im Rahmen der Plastizitätstheorie abgeleitet, programmiert und über eine Benutzerschnittstelle in das Programmsystem ABAQUS implementiert. Das Konzept der Hypoplastizität wird kurz vorgestellt. Es werden die Ratengleichungen von WU und v. WOLFFERSDORFF vorgestellt und implementiert. Besonderes Augenmerk wird bei der Modellierung des Bodens auch auf die Bestimmung der Materialparameter und die Kalibrierung der Stoffgesetze gelegt. Die Bodenstoffgesetze werden über die Nachrechnung von Versuchen verifiziert. Es werden ein Ödometerversuch und ein Triaxialversuch und im Anschluss daran ein elastischer, auf Sand gebetteter Balken analysiert.

Die Darstellung des Betonstoffgesetzes erfolgt für den ebenen Spannungszustand, da die Fundamentplatte über geschichtete Schalenelemente diskretisiert wird. Die Fließfunktion wird in der Hauptspannungsebene durch die Festlegung von drei Punkten bestimmt, die Aktualisierung der Spannungen erfolgt über ein Projektionsverfahren (implizites Euler-Verfahren). Unter Zugbeanspruchung wird die Steifigkeit des Stahlbetonquerschnitts aus den Komponenten des unbewehrten Betons (*tension softening*), des Betonstahls und des Mitwirkens des Betons zwischen den Rissen (*tension stiffening*) zusammengesetzt. Die Entfestigung des Betons wird über das Konzept der Koppelung der Bruchenergie mit der charakterisitischen Elementslänge objektiviert. Die Leistungsfähigkeit des Betonstoffgesetzes wird anhand der Berechnung eines geschlitzten Balkens, einer einachsig und einer zweiachsig gespannten Platte überprüft.

6.2 Ergebnisse
Results

Das Tragverhalten von Fundamentplatten wird anhand des Beispieles einer auf dichtem Sand gegründeten, rechteckigen Stahlbetonplatte (8 × 12 m, 0.4 m Dicke) mit aussteifenden Wänden in Längsrichtung analysiert. Am ebenen Modell wird der Einfluss der Diskretisierung und der Lasteinleitung untersucht.

Modellierung:

> • Der Unterschied in den Ergebnissen zwischen der Diskretisierung mit Balken- oder Schalenelementen ist vernachlässigbar gering.
>
> • Die Steifigkeit der aufgehenden Bauteile (Stützen, Wände) sollte berücksichtigt werden.

Im Anschluss daran wird das Randwertproblem der Plattengründung unter Gebrauchslast mit Hilfe der Standardverfahren (Bettungsmodulverfahren, Boden als elastisches Kontinuum = Steifemodulverfahren) gelöst. In der Folge wird der Boden mit den nichtlinearen Stoffgesetzen modelliert.

Gebrauchslast:
elastische Platte

- Die elastischen Standardverfahren liefern einander wiedersprechende Ergebnisse bei der Biegelinie, und somit auch bei der Biegemomentenverteilung.

- Die mit einem nichtlinearen Stoffgesetz ermittelte Momentenlinie liegt zwischen jenen der Standardverfahren. Die mit dem Bettungsmodulverfahren berechneten Werte stellen somit Grenzwerte für die Feldmomente dar, jene mit dem Steifemodulverfahren ermittelten Momente sind Grenzwerte für die Stützmomente.

Gebrauchslast:
elastische Platte

- Das realistische Tragverhalten einer Flächengründung kann nur über eine möglichst genaue Erfassung der Steifigkeitsverhältnisse des Bodens erfasst werden. Das ist nur durch die Verwendung eines nichtlinearen Stoffansatzes für den Boden zu erreichen.

- Bei der Berechnung mit einem elastischen oder einem elasto-plastischen Bodenmodell werden aufgrund des hohen Querdehnungseinflusses unrealistische Hebungen neben dem Fundament erzielt. Lediglich die hypoplastischen Stoffansätze liefern realistische Setzungen.

Für die Berechnungen mit dem nichtlinearen Betonstoffgesetz wird die Platte nach den mit den Standardverfahren ermittelten Momentenlinien vorbemessen. Das bedeutet eine oben- und untenliegende Mindestbewehrung über die gesamte Stahlbetonplatte mit einer obenliegenden Zulage im Feld für die Bemessung nach den Ergebnissen des Bettungsmodulverfahrens, und mit einer untenliegenden Zulage unter den Innenwänden nach den Ergebnissen des Steifemodulverfahrens.

Gebrauchslast: Stahlbetonplatte	• Das Tragverhalten einer Fundamentplatte unter Gebrauchslast wird stark vom verwendeten Bodenmodell beeinflusst, der Einfluss des nichtlinearen Betonverhaltens ist gering. • Das Zugversagen des Betons ist zu modellieren, da eine Reduktion der Betonzugfestigkeit zu Null eine veränderte Steifigkeitsverteilung des Gesamttragsystems ergibt und zu stark abweichenden Ergebnissen führt.

Der Einfluss des nichtlinearen Betonstoffgesetzes macht sich erst bei einer über das Gebrauchslastniveau hinausgehenden Belastung bemerkbar. Es werden Traglastberechnungen durchgeführt, die gering bewehrte Struktur versagt bei Erreichen der maximalen Stahldehnung.

Traglast: Stahlbetonplatte, hypoplastisches Bodenstoffgesetz	• Die Traglastkurve verläuft überlinear, durch die Spannungsumlagerungen im Boden weist das System eine hohe Tragreserve auf. • Es kommt zu einer Konzentration der Bodenpressungen unter den Lasteinleitungsbereichen im Inneren der Platte.

Traglast: Stahlbetonplatte, hypoplastisches Bodenstoffgesetz	• Die Traglast wird maßgeblich von der Rotationsfähigkeit des gerissenen Plattenquerschnitts bestimmt. Die Verwendung eines hochduktilen Bewehrungsstahles erhöht die Traglast erheblich. • Die Modellierung des Zugversagens des Betons beeinflusst die Traglast nur unwesentlich.

Die Stahlbetonplatte reißt bei allen Berechnungen zuerst an der Unterseite der Lasteinleitungsbereiche im Inneren der Platte, dort bilden sich *Fließgelenke* aus. An der Oberseite der Feldabschnitte entstehen *Fließbereiche* mit in etwa konstanter Krümmung. Aufgrund dieses Verformungsverhaltens der Platte ist eine nach der Momentenverteilung des Steifemodulverfahrens bemessene Platte wesentlich tragfähiger als eine, die nach dem Bettungsmodulverfahren bemessen wurde.

Zum Abschluss wurde das Beispiel noch dreidimensional diskretisiert. Bei der Bodenmodellierung wurden die beiden Standardverfahren und ein hypoplastischer Stoffansatz verwendet, die Stahlbetonplatte wurde sowohl linear als auch nichtlinear modelliert. Die Berechnungen erfolgten unter Gebrauchslast.

Dreidimensionale Berechnung:	• Die bei der zweidimensionalen Betrachtung des Randwertproblems gewonnenen Erkenntnisse gelten auch für die dreidimensionale Berechnung. • Eine dreidimensionale Berechnung ist immer anzustreben.

Die oben genannten Gesetzmäßigkeiten gelten für die getroffenen Modell- und Materialannahmen. Es lässt sich aber erkennen, dass die Berücksichtigung real existierender Steifigkeiten unerlässlich ist für die Berechnung von Boden-Bauwerksinteraktionen. Aus diesem Grund kann es bei der Anwendung eines semi-probabilistischen Sicherheitskonzeptes zu Problemen kommen, da die Abminderung der Materialfestigkeiten unrealistische Steifigkeitsverteilungen zur Folge haben kann.

6.3 Ausblick
Outlook

Beim Versagen einer Fundamentplatte können neben dem Versagen durch Biegebeanspruchung auch andere Versagensformen auftreten. Das Durchstanzen stellt eine Versagensform dar, die mit den Mitteln dieser Arbeit nicht untersucht werden konnte. Hierzu ist die Verwendung eines dreidimensionalen Betonmodells nötig. Bei weicheren Böden ist es möglich, dass das System der Fundamentplatte auf Grundbruch versagt. Es kommt zur Ausbildung von Scherfugen, die FE-Lösung wird netzabhängig, was die Verwendung sogenannter Regularisierungsmethoden für das Bodenstoffgesetz verlangt. Ein weiteres zu untersuchendes Problem stellt der Einfluss der Reibung zwischen Boden und Platte dar. Zudem stellen sich noch Fragen der Gebrauchstauglichkeit, vor allem in Bezug auf die Dichtheit der Platte (Beschränkung der Rissweite). Hier kommen aber noch Effekte wie Kriechen und Schwinden zum Tragen.

In absehbarer Zukunft wird sich die dreidimensionale Berechnung von Fundamentplatten durchsetzen, das Bettungsmodulverfahren wird aussterben.

Literaturverzeichnis

ABAQUS/STANDARD: *Theory und User's Manual, Version 5.8. Hibbitt, Karlsson & Sorensen, Inc.*.

BAUER, E. (1992): *Zum mechanischen Verhalten granularer Stoffe unter vorwiegend ödometrischer Beanspruchung. Veröffentlichungen des Institutes für Boden- und Felsmechanik*, Heft 130, Karlsruhe.

CEB-FIP (1990): *Model code 1990. Bulletin d'information*, CEB (Comité euro-international du beton), Lausanne.

CERVENKA, V., PUKL., R. und ELIGEHAUSEN, R. (1990): *Computer simulation of anchoring technique in reinforced concrete beams*, in *Computer aided analysis and design of concrete structures*, Ed. N. Bićanić et al., Pineridge Press, Swansea, U.K., 1-21.

CHAMBON, R. ET AL. (1994): *CLoE, a new rate type constitutive model for geomaterials, theoretical basis and implementation. Int. J. Num. Anal. Meth. Geom.*, Vol. 18-4, 253-278.

CHAMBON, R. (1996): Course Director, Proceedings of the 8th *European Autumn School 'Bifurcation and Localisation in Geomaterials'*, Aussois.

CHEN, W.F. (1988): *Plasticity for structural engineers*. Springer-Verlag, New York.

CHEN, W.F. und ZHANG, H.(1991): *Structural plasticity, theory, problems and CAE software*. Springer-Verlag, New York.

COULOMB, C.A. (1773): *Essai sur une application de règles de maximis et minimis à quelques problèmes de statique relatifs à l'architecture. Mem. Math. Phys., Pres. à l'Acad. Roy. des Sci.*, Vol. 7, 343.

CRISFIELD, M.A. (1984): *Difficulties with current numerical models for concrete and some tentative solutions. Comp. Aided Analysis and Design of Concrete Structures*, eds. F. Damjanic et al., Pineridge Press, Swansea, 331-358.

CRISFIELD, M.A. (1987A): *Plasticity computations using the Mohr-Coulomb yield criterion. Eng. Comput.*, Vol. 4, 300-308.

CRISFIELD, M.A. (1987B): *Computational plasticity - models, software, applications* (ed. D.R.J. Owen et al.). *Pineridge press*, Swansea, Vol. 1, 133-159.

CRISFIELD, M.A. (1994): *Non-linear finite element analysis of solids and structures*, Vol. 1, Verlag John Wiley & Sons, Chichester

CRISFIELD, M.A. (1997): *Non-linear finite element analysis of solids and structures*, Vol. 2, Verlag John Wiley & Sons, Chichester

DE BORST, R. (1986): *Non-linear analysis of frictional materials. PhD thesis, TNO for building materials and structures*, Delft.

DE BORST, R. (1994): *A note on the calculation of consistent tangent operators for von Mises and Drucker-Prager plasticity. Communications in mumerical methods in engineering*, Vol. 10, 1021-1025.

DE BORST, R., ET AL. (1994B): *Some current issues in computational mechanics of concrete structures*, in *EURO-C 1994: Proc. Computational Modelling of concrete structures*, Vol. 1, 283-302.

DE BORST, R. (1995): *General overview of standard non-linear computations.* 7th *European Autumn School 'Non-linear Modelling of Geomaterials with the Finite-Element-Method'*, Aussois.

DESRUES, J. ET AL. (1991): *Soil modelling with regard to consistency: CLoE, a new rate type constitutive model. 3rd Int, Conf. on Constitutive laws for Engn. Materials*, Tucson.

DILGER, W. (1966): *Veränderlichkeit der Biege- und Schubsteifigkeit bei Stahlbetontragwerken und ihr Einfluß auf Schnittkraftverteilung und Traglast bei statisch unbestimmter Lagerung.* DAfStb, Heft 179.

DIN 4018 (1974): *Baugrund; Berechnung der Sohldruckverteilung unter Flächengründungen* .

DIN 4018 Bbl 1 (1981): *Baugrund; Berechnung der Sohldruckverteilung unter Flächengründungen; Erläuterungen und Berechnungsbeispiele* .

DIN 4019 T1 (1979): *Baugrund; Setzungsberechnungen bei lotrechter, mittiger Belastung* .

DIN 18134 (19xy): *Baugrund; Versuche und Versuchsgeräte; Lastplattenversuch.*

EC2,(1992): *Eurocode 2: Planung von Stahlbeton- und Spannbetontragwerken, Teil 1-1: Grundlagen und Anwendungsregln für den Hochbau*, in ÖNorm ENV 1992-1-1.

FEENSTRA, P.H. (1993): *Computational aspects of biaxial stress in plain and reinforced concrete. Dissertation*, Delft University of Technology, Delft.

FEENSTRA, P.H. und DEBORST, R.(1995): *A composite plasticity model for concrete. Int. J. Solids Structures*, Vol.33, 707-730.

GILBERT, R.J. und WARNER, R.F. (1978): *Tension stiffening in reinforced concrete slabs. Journal of Strucutral Division, American Society of Civil Engineering*, Vol. 104, 1885-1900.

GRASSHOFF, H. und KANY, M. (1992): *Berechnung von Flächengründungen*, in *Grundbautaschenbuch*, Hrsg. Smoltczyk, U., 4. Auflage, Ernst& Sohn, Berlin.

GUDEHUS, G (1981): *Bodenmechanik*, Enke Verlag, Stuttgart.

GUDEHUS, G (1979): *A comparison of some constitutive laws for soils under radially symmmetric loading and unloading. Proc. 3rd Int. Conf. on Num. Meth. in Geomechanics*, Aachen , Vol. 4, 1309-1323, Balkema Rotterdam.

GURTIN, M.E. und SPEAR, K. (1983):*On the relationship between the logarithmic strain rate and the stretching tensor. Int. J. Solids Structures*, Vol. 19, 437-444.

HANSEN, J.B. (1960): *Hauptprobleme der Bodenmechanik.* Springer Verlag , Berlin.

HERLE, I. (1997): *Hypoplastizität und Granulometrie von Korngerüsten. Veröffentlichungen des Institutes für Boden- und Felsmechanik*, Heft 13x, Karlsruhe.

HOFSTETTER, G., SIMO, J.C. und TAYLOR, R.L. (1993): *A modified cap model: Closest point solution algorithms. Computers & Structures*, Vol.46, 203-214.

HOFSTETTER, G. (1996): *Numerische Methoden in der Festigkeitslehre. Vorlesungsskriptum*, Innsbruck.

HOFSTETTER, G. und MANG, H.A.(1995): *Computational mechanics of reinforced concrete strucures.* Vieweg & Sohn, Braunschweig/Wiesbaden.

HORDIJK, D.A. (1991): *Local approach to fatigue in concrete. Dissertation, Delft University of Technology*, Delft.

HÜGEL, H. (1996): *Prognose von Bodenverformungen. Veröffentlichungen des Instituts für Bodenmechanik und Felsmechanik der Universität Karlsruhe*, Heft 136, Karlsruhe.

HUGHES, T.J. und WINGET, J. (1980): *Finite rotation effects in numerical integration of rate constitutive equations arising in Large-deformation analysis. Int. J. Num. Meth. Eng.*, Vol. 15, 1862-67.

JAIN, S.C. und KENNEDY, J.B. (1974): *Yield Criterion for reinforced concrete slabs. Journal of Strucutral Division, American Society of Civil Engineering*, Vol. 100, 631-644.

JEMIOLO, S., ET AL. (1994): *Elasto-plastic work-hardening/softening constitutive model for concrete*, in *EURO-C 1994: Proc. Computational Modelling of concrete structures*, Vol. 1, 103-112.

KOLYMBAS, D. (1977): *A rate-dependent constitutive equation for soils. Mech. Res. Comm.*, Vol. 6, 367-372.

KOLYMBAS, D. (1988): *Eine konstitutive Theorie für Böden und andere körnige Stoffe. Veröffentlichungen des Instituts für Bodenmechanik und Felsmechanik der Universität Karlsruhe*, Heft 109.

KROPIK, C.(1994): *Three-dimensional elasto-viscoplastic finite element analysis of deformations and stresses resulting form the excavation of shallow tunnels. Dissertation an der TU Wien*, Wien.

KUPFER, H, HILSDORF., H.K. und RÜSCH, H. (1969): *Behaviour of concrete under biaxial stresses. ACI Journal*, 66, 656-666.

LADE, P.V. (1997): *Modelling the strength of engineering materials in three dimensions. Mech. Cohesive Frictional Materials*, Vol.2, 339-356.

LANDGRAF, K. und QUADE, J. (1993): *Bauwerk-Baugrund-Wechselwirkung an biegsamen Gründungsbalken und -platten bis zum Versagen. Bauingenieur*, Vol. 68, 303-312.

LARSSON, R. und RUNESSON, K. (1996): *Implicit integration and consistent linearisation for yield criteria of the Mohr-Coulomb type. Mech. of Cohesive-Frictional Materials*, Vol. 1, 367-383.

LIU, T.C., NILSON, H. und SLATE, O. (1971): *Stress-strain response and fracture of concrete in biaxial compression. Report No. 339*, Department of strucural Engineering, Cornell University.

MEHLHORN, G. (1998): *Bemessung im Betonbau*, in *Grundwissen Ingenieurbau: Bemessung*, Verlag Ernst & Sohn, Berlin

MENRATH, H. (1999): *Numerische Simulation des nichtlinearen Tragverhaltens von Stahlverbundträgern. Dissertation am Institut für Baustatik der Universität Stuttgart*, Stuttgart.

MOHR, O. (1900): *Welche Umstände bedingen die Elastizitätsgrenze und den Bruch eines Materials. Z. Vereins Dtsch. Ing.*, Vol. 44, 1524-1572.

NELISSEN, L.J.M. (1972): *Biaxial testing of normal concrete. Heron*, Heft 1.

NGO, D. und SCORDELIS, A.C.(1967): *Finite element analysis of reinforced concrete beams. J. American Concrete Institute*, Vol. 64, 152-163.

ÖNORM 4200, 9. TEIL (1970): *Stahlbetontragwerke, Berechnung und Ausführung II.*

RASHID, Y.R. (1968): *Analysis of prestressed concrete pressure vessels. Nuclear Engineering Design*, Vol. 7, 334-344.

RODDEMAN, D. (1997): *Zeitintegration hypoplastischer Stoffgesetze. interner Bericht am Institut für Geotechnik und Tunnelbau*, Innsbruck.

ROTS, J.G. (1988): *Computational modelling of concrete fracture. Dissertation, Delft University of Technology*, Delft.

PARDEY, A. (1994): *Physikalisch nichtlineare Berechnung von Stahlbetonplatten im Vergleich zur Bruchlinientheorie. Deutscher Ausschuss für Stahlbeton*, Heft 441, Berlin.

ROWE, P.W. (1962): *The stress-dilatancy relation for static eqilibrium of an assembly of particles in contact. Proc. Roy. Soc. London*, A269, 500-527.

SCHLANGEN, E. (1993): *Experimental and numerical analysis of fracture processes in concrete. Dissertation*, Delft University of Technology, Delft.

SCHLEGEL, T. (1985): *Anwendung einer neuen Bettungsmodultheorie zur Berechnung biegsamer Gründungen auf Sand. Veröffentlichungen des Instituts für Bodenmechanik und Felsmechanik der Universität Karlsruhe*, Heft 98.

SCHOFIELD, A.N. und WROTH, C.P. (1968): *Critical state soil mechanics.* McGraw-Hill Book Co., London.

SIMO, J.C., KENNEDY, J.G. und GOVINDJEE, S.(1988): *Non-smooth multisurface plasticity and viscoplasticity. Loading/unloading conditions and numerical algorithms. Int. J. Num. Meth. Engrg.*, Vol.26, 2161-2185.

SIMO, J.C. und TAYLOR, R.L. (1991): *Quasi incompressible finite elasticity in principal stretches. Continuum basis and numerical algorithms. Comp. Meth. Appl. Mech. Engrg*, Vol. 85, 273-310.

SIMO, J.C. und HUGHES, T.J.R. (1998): *Computational Inelasticity*. Springer, New York.

SINGER, A. (1998): *Dreidimensionale FE-Berechnung eines Streifenfundamentes auf Sand. Diplomarbeit am Institut für Baustatik und verstärkte Kunststoffe*, Innsbruck.

SLOAN, S.W. (1987): *Substepping schemes for the numerical integration of elastoplastic stress-strain relations. Int. J. Num. Meth. Eng.*, Vol. 24, 893-911.

STRÄUSSLER, E., KRAPFENBAUER, R. (1988): *Bautabellen*. Verlag Jugend und Volk, Wien.

TASUJI, M.E, SLATE, F.O. und NILSON, A.H. (1978): *Stress-strain response and fracture of concrete in biaxial loading. ACI Journal*, Vol. 75, 306-312.

TATSUOKA, F.(1987): *Discussion: The strength and dilatancy of sands. Geotechnique*, Vol. 37(2) , 219-225.

TRUESDELL, C. und NOLL, W. (1955): *Hypo-elasticity. J. Ration. Mech. Anal.*, Vol. 4, 83-133.

TRUESDELL, C. und NOLL, W. (1965): *The non-linear field theories of mechanics. Handbuch der theoretischen Physik IIIc*, Springer. Verlag

VONK, R.A. (1992): *Softening of concrete loaded in compression. Dissertation, Eindhoven University of Technology*, Eindhoven.

WERNICK, E. (1978): *Tragfähigkeit zylindrischer Anker in Sand unter besonderer Berücksichtigung des Dilatanzverhaltens. Veröffentlichungen des Institutes für Bodenmechanik und Felsmechanik*, Heft 75, Karlsruhe.

WILLAM, K.J., PRAMONO, E. und STURE, S. (1986): *Fundamental issues of smeared crack models, Proc. SEM/RILEM Int. Conf. Fracture of Concrete and Rock*, Springer Verlag, New York, 142-157.

WINKLER, E. (1867): *Die Lehre von der Elastizität und Festigkeit*. Verlag H. Dominicus, Prag.

WITTMANN, F.H. (1983): *Structure of concrete with respect to crack formation. Fracture mechanics of concrete*, Ed. F.H. Wittmann, Elsevier, Amsterdam, 43-74.

v. WOLFFERSDORFF, P.A. (1996): *A hypoplastic relation for granular materials with a predefined limit state surface. Mech. of Cohesive-frictional Mat.*, Vol. 1, 251-272.

WOOD, D.M. (1990): *Soil behavior and critical state soil mechanics*. Cambridge Univ. Press, Cambridge.

WU, W. (1992): *Hypoplastizität als mathematisches Modell zum mechanischen Verhalten granularer Stoffe. Veröffentlichungen des Institutes für Bodenmechanik und Felsmechanik*, Heft 129, Karlsruhe.

YU, H.S. (1994): *A closed-form solution of stiffness matrix for Tresca and Mohr-Coulomb plasticity models. Computers & Structures*, Vol. 53, 755-757.

ZIENKIEWICZ, O.C. und TAYLOR, R.L. (1989): *The finite element method. Volume 1*, McGraw-Hill, New York

ZIMMERMANN, H. (1930): *Die Berechnung des Eisenbahn-Oberbaus.* , 2.Auflage, Verlag W. Ernst & Sohn, Berlin.

Anhang A

Versuchsdaten von Schlegel für Versuch Nr. 3
Experimental results from Schlegel, experiment No. 3

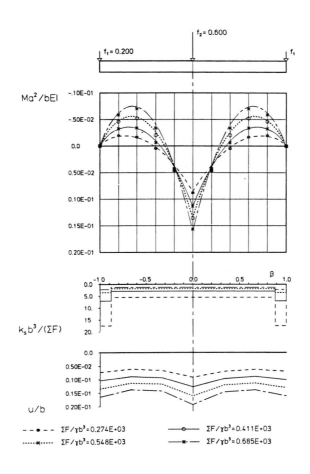